LUCAS DANESHMAND, M. ENG

EINE EINFÜHRUNG IN DIE WELT DER ERNEUERBAREN ENERGIEN UND SPEICHERTECHNOLOGIEN

Lucas Daneshmand, M. Eng

Eine Einführung in die Welt der erneuerbaren Energien und Speichertechnologien

Innovationen, Entwicklungen und alternative Energieerzeuger

2. Auflage

2. Auflage

In der Stockbreite 19
31020 Salzhemmendorf
E-Mail: erneuerbaristklar@gmail.com

Instagram: @erneuerbaristklar

Herstellung: Lucas Daneshmand
Titelmotive: © Freepik.com
Coverrealisation: Lucas Daneshmand
Satz: Lucas Daneshmand

VORWORT

LIEBE LESER,

herzlichen Dank für den Kauf meines Buches auf Amazon! Es erfüllt mich mit Freude, dass Sie Interesse an meinem Werk zeigen. Bereits seit meiner Schulzeit und meinem Studium setze ich mich begeistert mit erneuerbaren Energien auseinander. Diese Passion hat mich nicht nur dazu bewogen, mich heute beruflich als Ingenieur auf die Planung und Dimensionierung von Wärmepumpen und Photovoltaikanlagen zu konzentrieren, sondern hat mich auch dazu inspiriert, dieses Buch zu schreiben.

Als Autor liegt es mir am Herzen, meine Leser zu begeistern und zu inspirieren. Nachdem Sie das Buch gelesen haben, würde ich mich über Ihre Rezension auf Amazon freuen. Falls Ihnen weitere Gedanken oder Fragen kommen, stehe ich Ihnen gerne zur Verfügung. Sie können mich gerne per E-Mail kontaktieren. Meine Mailadresse finden Sie auf der vorherigen Seite.

Besuchen Sie auch gerne unsere Instagram-Seite @erneuerbaristklar, auf der Sie nicht nur kurze und interessante Einblicke aus meinen Büchern finden, sondern auch die Möglichkeit haben, weiterführende Informationen zu erhalten und Fragen zu stellen.

Das Buch selbst bietet einen umfassenden Überblick über verschiedene Technologien der erneuerbaren Energien und alternativen Energieerzeugern. Durch bewussten Verzicht auf Unterkapitel möchte ich Ihnen einen klaren Gesamtüberblick ermöglichen. Das Inhaltsverzeichnis hilft Ihnen, direkt zu den gewünschten Kapiteln zu springen.

Auf der letzten Seite erwartet Sie eine aufregende Neuigkeit – eine exklusive Leseempfehlung für mein zweites Werk "Eine Einführung in die Welt der Elektromobilität". Diese Fortsetzung führt Sie von den Anfängen der Automobilindustrie bis zu den atemberaubenden Innovationen der Gegenwart. Trotz der Notwendigkeit des Umstiegs auf erneuerbare Energien, wie in diesem Buch behandelt, spielt die Elektromobilität eine entscheidende Rolle für die Energiewende. Etwa ein Fünftel der CO_2-Emissionen in Deutschland entfallen auf den Verkehrssektor.

Ich hoffe, dass dieses Buch für alle interessierten Leser von Nutzen sein wird, und danke Ihnen im Voraus für die Zeit, die Sie sich nehmen, um es zu lesen.

Inhaltsverzeichnis

»Die Ursachen der Erderwärmung sind schlechte Technologien. Bessere Technologien können die Klimakrise lösen«

Bill Gates

1

EINFÜHRUNG

In einer Welt, in der der Klimawandel voranschreitet und die Ressourcen der Erde zunehmend erschöpft werden, rücken erneuerbare Energien verstärkt in den Fokus. Doch bevor wir uns in die faszinierende Welt von Solarenergie, Windkraft und Co. vertiefen, gilt es, einige grundlegende Aspekte zu klären.

Während in den Medien viel über das Gebäudeenergiegesetz (GEG) berichtet und Wasserstoff als vermeintliche Wunderlösung diskutiert wird, stoßen wir auch auf kontroverse Ansichten zur Sicherheit der Kernkraft. Gleichzeitig sahen wir uns mit der Gaskrise 2023 konfrontiert, die die Abhängigkeit von fossilen Brennstoffen noch deutlicher macht. Erneuerbare Energien werden als Schlüssel für eine nachhaltige Zukunft betrachtet, aber die Realität unserer Energieversorgung und die Herausforderungen, die sie mit sich bringt, dürfen nicht außer Acht gelassen werden.

Dieses Buch lädt Sie ein, einen genaueren Blick auf die erneuerbaren Energien zu werfen. Es geht über oberflächliche Diskussionen hinaus und widmet sich den technischen Grundlagen von Solarenergie, Windkraft, Wasserkraft, Geothermie und Biomasse. Dabei betrachten wir auch alternative Technologien wie Wasserstoff, Kernkraft und Kernfusion im Kontext einer nachhaltigen Energieversorgung.

Das Ziel dieses Buches ist es nicht nur, dem einzelnen Leser, sondern der gesamten Gesellschaft einen umfassenden Einblick in die Welt erneuerbarer Energien zu bieten und ein solides Verständnis für ihre praktische Anwendung zu fördern. In diesem Diskurs erkennen wir die vielversprechende Alternative, die erneuerbare Energien darstellen, und gleichzeitig auch die Herausforderungen und die aktuelle Realität unserer Energieversorgung.

Trotz des Aufstiegs erneuerbarer Energien stehen wir vor der Herausforderung, weiterhin auf fossile Brennstoffe zurückzugreifen, die unseren Wohlstand geprägt haben. Insbesondere in Deutschland, wo die Sonneneinstrahlung begrenzt ist und auch nicht immer Wind zur Verfügung steht, stoßen wir auf die Herausforderung der unzureichenden Speicherkapazität für erneuerbare Energien.

Die Schlagwörter in den Medien mögen vielfältig sein, doch unser Ziel ist es, Sie durch fundierte Informationen zu befähigen. In diesem Buch werden wir den Fragen nachgehen, wie wir erneuerbare Energien beispielsweise auch in unseren Häusern effektiv integrieren können, welche

Herausforderungen sie dabei meistern müssen und wie wir gemeinsam einen ausgewogenen Mix für eine nachhaltige Energieversorgung finden können. Treten Sie mit mir ein in die Welt der erneuerbaren Energien – eine Welt voller Chancen, Herausforderungen und der Möglichkeit, die Zukunft unserer Energieversorgung aktiv mitzugestalten.

2

KLIMAWANDEL

Der Klimawandel ist ein globales Phänomen, das durch den Anstieg von Treibhausgasen wie Kohlendioxid (CO_2) in der Atmosphäre verursacht wird. Hauptsächlich geht dieser Anstieg auf den menschgemachten Ausstoß von Treibhausgasen zurück, der durch die Nutzung fossiler Brennstoffe in der Energieerzeugung und Industrieproduktion verursacht wird. Die menschverursachten Emissionen haben gravierende Auswirkungen auf das Klima, die Umwelt und die Gesellschaft. Die Folgen sind erhöhte Temperaturen, extreme Wetterereignisse und ein Anstieg des Meeresspiegels.

Es gibt jedoch auch Kritiker, die die These des menschgemachten Klimawandels in Frage stellen. Einige argumentieren, dass die Erderwärmung hauptsächlich auf natürliche Zyklen zurückzuführen ist und dass der menschengemachte Einfluss auf das Klima übertrieben wird. Andere argumentieren, dass die Kosten für Maßnahmen zur Bekämpfung des Klimawandels zu hoch sind und dass es wichtigere Probleme gibt, auf die sich die Regierungen konzentrieren sollten.

Es ist jedoch wichtig zu betonen, dass die Mehrheit der Wissenschaftler und Regierungen weltweit der Ansicht sind, dass der Klimawandel ein ernstes Problem darstellt. Dringende Maßnahmen sind erforderlich, um die Treibhausgasemissionen zu reduzieren. Es gibt auch zunehmend mehr Beweise dafür, dass der Klimawandel bereits negative Auswirkungen auf die Umwelt und die Gesellschaft hat und dass diese in Zukunft noch verheerender werden können, wenn nichts unternommen wird.

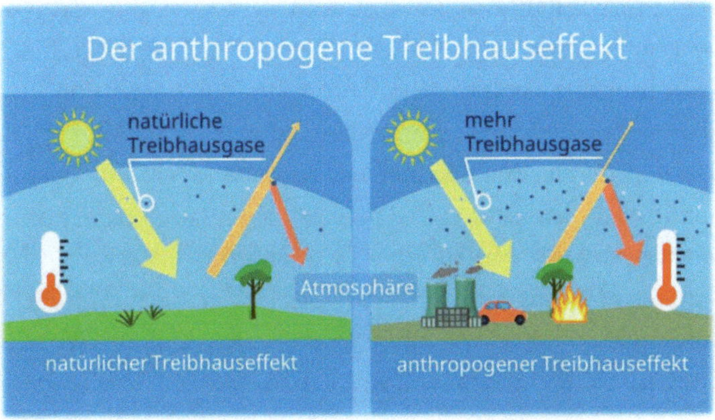

Abbildung 1: Der natürliche und anthropogene Treibhauseffekt

Quelle: https://studyflix.de/erdkunde/treibhauseffekt-einfach-erklart-3810 - Studyfix GmbH

Auf Abbildung 1 kann man erkennen, dass der Treibhauseffekt eigentlich nur ein ganz üblicher und natürlicher Prozess ist, bei dem Gase in der Atmosphäre wie Kohlenstoffdioxid, Methan und Wasserdampf, Licht von der Sonne absorbieren und Wärmeenergie zurück auf die Erde reflektieren. Dies führt dazu, dass die Oberflächentemperatur der Erde erhöht wird und ein günstiges Klima für die

Entstehung und das Überleben von Leben ermöglicht.[1] Natürliche Luft besteht aus verschiedenen Gasen. Dabei macht CO2 nur einen kleinen Teil davon aus. Die CO2-Konzentration wird in „parts per million“ (ppm) gemessen. In der vorindustriellen Zeit betrug die CO2-Konzentration in der Atmosphäre etwa 280 ppm. Die aktuelle CO2-Konzentration in der Atmosphäre beträgt nun über 410 ppm, was bedeutet, dass etwa 0,041 % der Luft aus CO2 besteht. Der Anstieg der CO2-Konzentration ist seit der vorindustriellen Zeit um fast 50 % gestiegen. Der Zusammenhang zwischen CO2-Konzentration und globaler Durchschnittstemperatur ist komplex und wird von verschiedenen Faktoren beeinflusst, aber es gibt eine allgemeine Korrelation. Die meisten Klimawissenschaftler sind sich einig, dass eine Verdopplung der CO2-Konzentration in der Atmosphäre zu einer Erwärmung von etwa 1,5 bis 4,5 Grad Celsius führen würde. Das ist der sogenannte Klimasensitivitätswert. Es gibt jedoch auch andere Gründe, warum die Klimaerwärmung stattfindet. Das Vorhandensein anderer Treibhausgase, die Albedo (Reflexionsvermögen) der Erdoberfläche, Wolkenbildung und andere Faktoren haben ebenso einen Einfluss auf die Erwärmung der Erde. Daher ist die genaue Auswirkung der erhöhten CO2-Konzentration auf die globale Temperatur umstritten, aber die meisten Wissenschaftler sind sich einig, dass sie einen signifikanten Einfluss hat.

---

[1] Vgl. https://studyflix.de/erdkunde/treibhauseffekt-einfach-erklart-3810

Änderungen in der Landnutzung stellen ebenfalls ein Problem dar. Durch die Umwandlung von Wäldern in landwirtschaftlich genutzte Flächen, beispielsweise für den Anbau von Nahrungsmitteln oder in Gras- und Weideland gelangen große Mengen CO_2 in die Atmosphäre. Der Großteil davon wird entweder direkt während der Brandrodung des Waldes freigesetzt oder über die folgenden Jahre verteilt, wenn die hergestellten Holzprodukte nicht mehr benötigt werden und entweder verbrannt werden oder verrotten.[2] Wälder binden CO_2 und sind damit riesige Kohlenstoffspeicher. „Deutschlandweit speichert der Wald insgesamt rund 3,1 Milliarden Tonnen Kohlenstoff [...].“[3]

Weitere Kohlenstoffspeicher stellen unsere Meere dar. Die Löslichkeit von CO_2 im Meerwasser hängt maßgeblich vom Druck des CO_2 in der Atmosphäre ab. Wenn der Druck in der Atmosphäre höher ist als im Wasser, löst sich CO_2 im Ozean auf, um Druckunterschiede auszugleichen. Mit dem steigenden CO_2-Anteil in der Atmosphäre löst sich auch mehr davon im Meerwasser, was die Ozeane zu bedeutenden CO_2-Speichern macht. Allerdings gibt es auch eine schlechte Nachricht: Die Zunahme von CO_2 und

---

2 Vgl. https://www.eskp.de/klimawandel/klimawandel-aenderung-landnutzung-935841/

3 https://www.destatis.de/DE/Presse/Pressemitteilungen/Zahl-der-Woche/2021/PD21_40_p002.html

anderen Kohlenstoffverbindungen im Wasser verringert seine Aufnahmekapazität. Langfristig nehmen die Ozeane zwar etwa 80 Prozent der CO_2-Emissionen auf, doch dieser Prozess dauert mindestens 1.000 Jahre. Die globale Erwärmung verlangsamt zudem die Zirkulation des Meerwassers, was die CO_2-Aufnahme weiter beeinträchtigt. Die bereits beobachtete Versauerung des Wassers gefährdet zudem wichtige Meereslebewesen. Hinzu kommt, dass in einigen Meeresgebieten ein Sauerstoffmangel aufgrund des Klimawandels spürbar wird. Bereits im südlichen Indischen Ozean sowie in Teilen des tropischen Pazifiks und Atlantiks ist ein solcher Mangel trotz natürlicher Schwankungen nachweisbar. Ein Beispiel hierfür ist der messbare Rückgang des Sauerstoffgehalts vor der Westküste Afrikas.[4]

Die vorliegende Herausforderung mag beunruhigend sein, aber es gibt klare Lösungsansätze, um dem Klimawandel entgegenzuwirken. Eine der entscheidenden Maßnahmen besteht darin, den Ausstoß von Treibhausgasen drastisch zu reduzieren. Dies kann durch den verstärkten Einsatz erneuerbarer Energiequellen, die Verbesserung der Energieeffizienz und die Minimierung des Einsatzes fossiler Brennstoffe erreicht werden. Darüber hinaus werden Technologien wie Kohlenstoffabscheidung und -speicherung (CCS) eingesetzt, um die Menge an CO_2 in der

---

[4] Vgl. https://www.scinexx.de/news/geowissen/ozeane-klimawandel-macht-sauerstoff-knapp/

Atmosphäre gezielt zu reduzieren. Seit 1996 speichert Norwegen erfolgreich CO_2 unter dem Meeresboden und wird, neben den USA, als Wegbereiter auf diesem Gebiet betrachtet.[5] Es sind vernünftige und greifbare Schritte, die, wenn sie konsequent umgesetzt werden, einen bedeutenden Beitrag zur Bewältigung des Klimawandels leisten können.

Es ist jedoch auch wichtig zu beachten, dass der Klimawandel nicht ausschließlich negative Auswirkungen auf Mensch und Umwelt hat. Es gibt mehrere Studien weltweit, die darauf hinweisen, dass viele weit verbreitete Horrorszenarien unbegründet sind. So haben Forscher anhand von Satellitendaten beobachtet, dass in den vergangenen drei Jahrzehnten der Anstieg von CO_2 in der Atmosphäre zu einer Zunahme von Pflanzenwachstum in trockenen Regionen, insbesondere Wüsten, geführt hat (s. Kapitel 31). Diese Beobachtungen lassen vermuten, dass eine erhöhte CO_2-Konzentration, auch als CO_2-Düngung bekannt, zu einem vermehrten Blattwachstum und einer höheren Vegetationsbedeckung führt.[6] Viele Tierarten können sich anpassen und neue Lebensräume erschließen, während große Wüsten- und Kälteregionen möglicherweise sogar bewohnbar werden. Durch die Zunahme von

---

[5] Vgl. https://www.die-debatte.org/co2speicherung-beispiele/

[6] Vgl. https://www.cleanenergy-project.de/technologie/wissenschaft/co2-laesst-wuesten-ergruener/

Niederschlägen gehen Wüsten vielerorts zurück, während die Vegetation vordringt. Es wird sogar erwartet, dass die weltweiten Nahrungserträge steigen werden.[7]

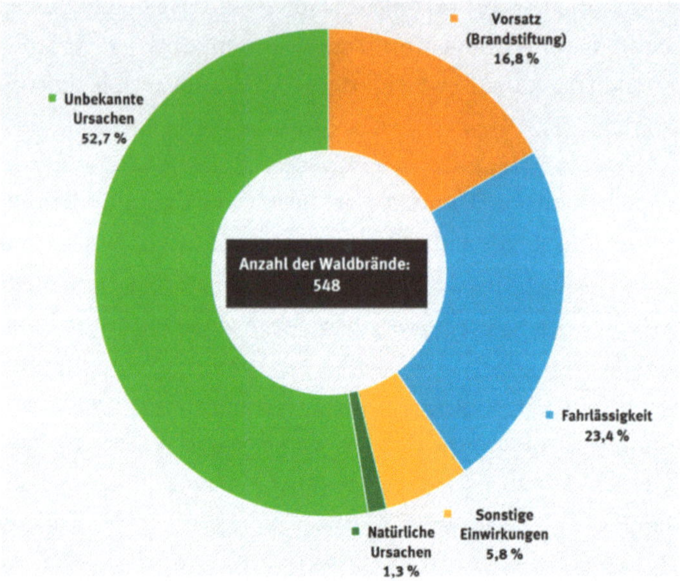

Abbildung 2: Ursachen für Waldbrände

Quelle: https://www.umweltbundesamt.de/daten/land-forstwirtschaft/waldbraende#ursachen-fur-waldbrande - Umweltbundesamt

Obwohl der Klimawandel als ein möglicher Faktor für Waldbrände diskutiert wird, ist auf Abbildung 2 zu sehen,

[7] Vgl. https://www.focus.de/wissen/klima/es-wird-waermer-gut-so-klimawandel_id_1983542.html

dass direktes menschliches Fehlverhalten eine der Hauptursachen für die meisten Waldbrände ist. Beispiele hierfür sind das Abfackeln von landwirtschaftlichen Flächen oder das unachtsame Wegwerfen von Zigarettenstummeln. Jedoch können auch Waldmanagementpraktiken, Abholzung und Urbanisierung die Brandgefahr erhöhen. Trockene und heiße Bedingungen sowie Wind begünstigen Waldbrände, was durch den Klimawandel verstärkt werden kann. Regen und feuchte Bedingungen hingegen können das Risiko von Waldbränden verringern.[8]

---

[8] Vgl. https://www.umweltbundesamt.de/daten/land-forstwirtschaft/waldbraende#waldbrande-in-deutschland

3

RESSOURCEN & RESERVEN

Natürliche Ressourcen wie Öl, Gas und Braunkohle spielen weltweit eine wichtige Rolle in der Energieversorgung. Es ist wichtig zu verstehen, dass die Verfügbarkeit dieser Ressourcen begrenzt sind. Eine Studie der BGR (Bundesanstalt für Geowissenschaften) zeigt auf, dass es noch beträchtliche Reserven an fossilen Brennstoffen gibt, insbesondere bei Berücksichtigung aller verfügbaren Ressourcen. Dies bedeutet jedoch nicht, dass wir uns auf unseren Lorbeeren ausruhen können und uns weiterhin auf den Verbrauch fossiler Brennstoffe verlassen sollten. Die Nutzung fossiler Brennstoffe geht mit erheblichen Umweltauswirkungen einher, einschließlich der Freisetzung von Treibhausgasen und der Verschmutzung von Luft, Wasser und Boden. Eine verstärkte Nutzung erneuerbarer Energiequellen ist daher von entscheidender Bedeutung, um die Klimaerwärmung zu begrenzen und die Abhängigkeit von begrenzten fossilen Brennstoffen zu reduzieren. Ein wichtiger Schritt in diese Richtung ist die Förderung von Technologien die zur Energieeinsparung beitragen. Auch muss die Nutzung von erneuerbaren Energien wie Sonne, Wind, Geothermie und

Wasser verstärkt werden. Investitionen in diese Bereiche können sowohl die Umweltbelastungen reduzieren als auch die Wirtschaft ankurbeln, indem sie neue Arbeitsplätze und Wachstumsmöglichkeiten schaffen.

Zunächst ist es wichtig, zwischen Ressourcen und Reserven zu unterscheiden. Ressourcen sind alle vorhandenen Mengen auf der Erde, die potenziell gewonnen und genutzt werden könnten. Reserven hingegen sind eine Untermenge der Ressourcen. Das sind die Ressourcen die nachgewiesen und wirtschaftlich rentabel gefördert werden können.

Die Bundesanstalt für Geowissenschaften und Rohstoffe (BGR) veröffentlicht jährlich ihre Energieforschungsstudie, die sich mit den Vorräten und Ressourcen an fossilen Brennstoffen auseinandersetzt. Laut dieser Studie würden die Braunkohlevorräte bei konstantem Verbrauch noch für die nächsten 330 Jahre ausreichen, während Steinkohle für weitere 110 Jahre verfügbar wäre. Eine vollständige Ausbeutung dieser Ressourcen könnte sogar die Reichweite für Braunkohle auf bis zu 3800 Jahre und für Steinkohle auf bis zu 2400 Jahre erhöhen. Bei Öl sieht es etwas anders aus: Bei gleichbleibendem Verbrauch würden die Ölreserven nur noch für etwa 60 Jahre ausreichen. Wenn jedoch Ölsande und Ölschiefer berücksichtigt werden, könnte sich die Reichweite auf etwa 180 Jahre erhöhen. Bei den weltweiten Gasreserven schätzen die Experten die Menge auf insgesamt 206 Billionen m^3. Mehr als die Hälfte dieser Reserven befindet sich in drei problematischen Ländern: Russland, Katar und Iran. Schiefergas stellt nur einen kleinen Teil dar, nämlich lediglich 5 % in den USA. Die Gasreserven ohne Schiefergas würden nur für 50 Jahre reichen. Dennoch sind weltweit riesige Schiefergasvorkommen vorhanden und verteilen sich proportional zur Landmasse auf Asien, Amerika, Australien, Russland, Afrika und Europa. Bereits 2015 entdeckte die US-amerikanische Energieinformationsagentur in 46 Ländern der Welt enorme Ressourcen. Selbst wenn nur ein minimaler Bruchteil dieser Ressourcen gefördert würde, könnte man eine Reichweite von etwa 200 Jahren an Gas erreichen.[9]

[9] Vgl. (Vahrenholt, 2023, S. 36f)

4

ENERGIE

Energie ist das unsichtbare Herzstück unseres Universums, die treibende Kraft hinter allem, was existiert und agiert. In all ihren Formen durchdringt sie unseren Alltag und beeinflusst die Naturgesetze, die unser Dasein regieren. „Durch Energie können natürliche Vorgänge stattfinden, Wärme erzeugt und Maschinen angetrieben werden. Damit ist sie für Menschen, Tiere und Pflanzen lebensnotwendig.“[10]

In der Physik und auch im alltäglichen Gebrauch wird Energie in verschiedenen Einheiten gemessen, darunter Joule, Kalorie und Watt. Am gebräuchlichsten ist die Angabe von Watt bzw. Kilowatt (abgekürzt: W bzw. kW) die eine Leistung darstellt, während die Angabe Wattstunde bzw. Kilowattstunde (Wh bzw. kWh) die geleistete Arbeit über eine gewisse Zeit darstellt. Energie kann nicht

---

[10] https://studyflix.de/ingenieurwissenschaften/was-ist-energie-4442

erzeugt oder zerstört werden, sondern nur von einer Form in eine andere umgewandelt werden. Das bedeutet, dass die Summe der Energie im Universum immer gleichbleibt. Dies beweist der sogenannte „Energieerhaltungssatz“.

„Energie kann in den folgenden verschiedenen Formen vorkommen:

- Bewegungsenergie (kinetische Energie)
- Lageenergie (potenzielle Energie)
- Spannenergie
- Wärmeenergie (thermische Energie)
- Elektrische Energie
- Strahlungsenergie (Lichtenergie)
- Chemische Energie
- Kernenergie (nukleare Energie)“[11]

Elektrische Energie, umgangssprachlich als Strom oder Elektrizität bekannt, spielt eine entscheidende Rolle in der modernen Energietechnik. Obwohl die direkte Speicherung in größeren Mengen, besonders in Kondensatoren, begrenzt ist, ermöglicht die Umwandlung in verschiedene andere Energieformen, wie etwa chemische Energie in Akkus, oft eine hohe Effizienz. Im Gegenzug kann elektrische Energie aus anderen Energieformen gewonnen

[11] https://studyflix.de/ingenieurwissenschaften/energieformen-2203

werden, wenn auch häufig mit geringerer Effizienz.[12] Sie stellt die hochwertigste Energieform dar.

Doch was genau ist Energie und wie wirkt sie sich auf die Welt um uns herum aus?

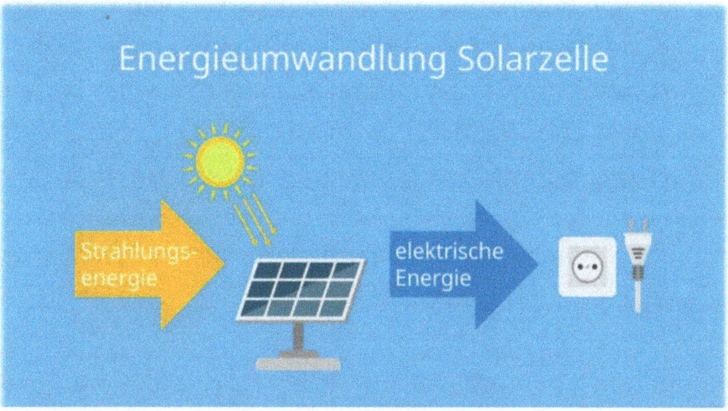

Abbildung 3: Energieumwandlung einer Solarzelle

Quelle: https://www.explore-it.org/de/der-dreh-zum-strom/energiewandelstation-undmehr-energie-eine-verwandlungskuenstlerin - Studyfix

Ein anschauliches Beispiel für den Energieumwandlungsprozess ist ein Ball, der einen Berg hinunterrollt. Wenn sich der Ball oben auf dem Berg befindet, besitzt er aufgrund seiner Höhenlage eine bestimmte Menge an potenzieller Energie. Beim Abwärtsrollen des Balls wird ein Teil dieser Energie durch die Gravitation in kinetische Energie umgewandelt. Während der Ball den Berg hinabrollt,

[12] Vgl. https://www.energie-lexikon.info/elektrische_energie.html

nimmt die potenzielle Energie ab, während die kinetische Energie mit zunehmender Geschwindigkeit zunimmt.

Ein weiteres Beispiel ist der Sprung vom Sprungbrett in einem Schwimmbad. Dabei wird die gespeicherte potenzielle Energie in kinetische Energie umgewandelt. In Pumpspeicherkraftwerken wird dieses Konzept genutzt, indem Wasser bei Stromüberschuss in ein höher gelegenes Becken gepumpt wird. Die Energie wird als potenzielle Energie im Wasser gespeichert. Wenn Strom benötigt wird, fließt das Wasser wieder in ein tiefer gelegenes Becken. Dabei wird durch eine Turbine, die vom abwärts fließenden Wasser angetrieben wird, Strom erzeugt.

Abbildung 3 veranschaulicht ein Photovoltaikmodul, das die Strahlungsenergie (Lichtenergie) der Sonne direkt in elektrische Energie umwandelt. Es ist jedoch wichtig zu beachten, dass während der Sonneneinstrahlung Verluste auftreten können, insbesondere in Form von Wärme z. B. durch Materialerwärmung. Diese entstehende "Abwärme" kann jedoch durch den Einsatz von sogenannten PVT-Modulen genutzt werden, eine Technologie, die wir genauer im Kapitel 13 betrachten werden.

Zur Speicherung von Energie kommen häufig Batterien als chemische Speicher zum Einsatz. Diese werden durch elektrischen Strom aufgeladen. Wenn die gespeicherte Energie benötigt wird, erfolgt die Umwandlung der chemischen Energie wieder in elektrische Energie.

Die Sonne, als gigantische Energiequelle, schenkt uns Licht und Wärme. Pflanzen nutzen diese Energie geschickt durch Photosynthese, um Nahrung zu produzieren. Tiere wiederum gewinnen ihre Energie, indem sie Pflanzen konsumieren oder andere Tiere jagen, die sich von Pflanzen ernähren. Die faszinierende Welt der Windkraftanlagen, die wir in einem der kommenden Kapitel erkunden werden, transformiert die kinetische Energie (Bewegungsenergie) des Windes in elektrische Energie.

In jedem dieser Beispiele offenbart sich die Vielfalt und Effizienz der Wege, wie wir Energie nutzen können, um die verschiedenen Bedürfnisse unserer Gesellschaft zu erfüllen.

Und was passiert in unserem Körper, wenn wir Nahrung zu uns nehmen? Wenn wir eine Mahlzeit zu uns nehmen, beginnt ein faszinierender Prozess in unserem Körper. Während der Verdauung zerlegt unser Magen die Nahrung in kleinere Bestandteile wie Kohlenhydrate, Fette und Proteine. Diese werden dann in unserem Darm weiter aufgespalten und in winzige Moleküle zerlegt. Diese kleinen Moleküle, wie Glukose aus Kohlenhydraten, Fettsäuren aus Fetten und Aminosäuren aus Proteinen, gelangen dann in unseren Blutkreislauf. Das Blut transportiert sie zu unseren Zellen, wo sie für den nächsten Schritt bereitstehen. In den Zellen angekommen, werden diese Moleküle durch verschiedene Stoffwechselprozesse weiterverarbeitet. Die freigesetzte Energie wird in Form von Adenosintriphosphat (ATP) gespeichert. ATP fungiert als eine Art "Energiewährung" in unseren Zellen. Wenn unser Körper

Energie benötigt, wird ATP "verbraucht", und die darin enthaltene Energie wird freigesetzt, um Muskeln zu bewegen, Organe zu aktivieren und alle anderen lebenswichtigen Funktionen aufrechtzuerhalten. Kurz gesagt: Das Essen, das wir zu uns nehmen, wird in unserem Körper in kleine Bausteine zerlegt, diese Bausteine werden in den Zellen weiterverarbeitet, und die freigesetzte Energie wird in ATP umgewandelt, um unseren Körper in Bewegung zu halten und funktionsfähig zu machen.

5

WACHSENDER ENERGIEBEDARF

In der modernen Gesellschaft spielt die Nutzung von Energie eine entscheidende Rolle. Energie wird benötigt, um Elektrogeräte zu betreiben, Gebäude zu beheizen, zu kühlen und zu beleuchten sowie Transportmittel anzutreiben. Allein in den letzten vier Jahrzehnten hat sich der weltweite Energieverbrauch mehr als verdoppelt und die Tendenz wird voraussichtlich in Zukunft anhalten.[13] Denn mit dem Bevölkerungswachstum und der wachsenden Wirtschaft nimmt der Energiebedarf zu.

Die wachsende Weltbevölkerung ist ein bedeutender Faktor, der den Energiebedarf steigert. Wie auf Abbildung 4 zu erkennen ist, hat sich die Anzahl der Menschen auf der Erde seit den 1950er Jahren von rund 2,7 Milliarden auf über 7,5 Milliarden erhöht und wird laut Schätzungen der UN-Bevölkerungsabteilung bis zum Ende des

[13] Vgl. https://www.bpb.de/kurz-knapp/zahlen-und-fakten/globalisierung/52741/primaerenergie-versorgung/

Jahrhunderts auf knapp 11 Milliarden ansteigen. Allerdings hat sich das Wachstum der Weltbevölkerung in den letzten Jahrzehnten verlangsamt, was sich insbesondere an der jährlichen Wachstumsrate zeigt. Diese erreichte in den späten 1960er Jahren einen Höhepunkt von über 2 Prozent und liegt derzeit bei knapp 1,1 Prozent. Bis zum Ende des Jahrhunderts wird erwartet, dass das Wachstum auf unter 0,1 Prozent zurückgeht.[14]

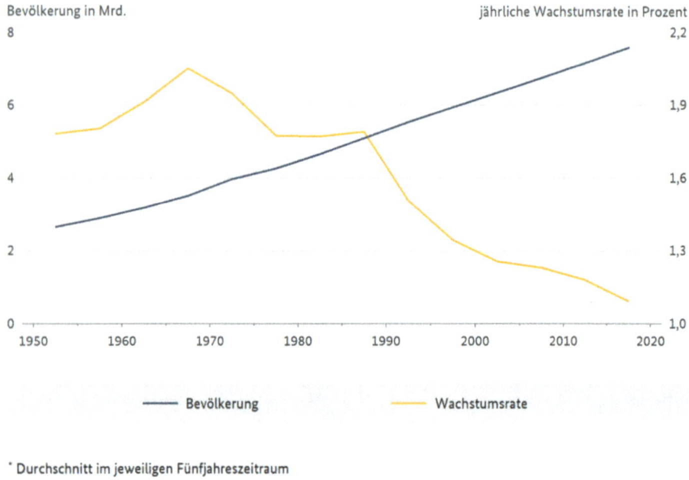

Abbildung 4: Bevölkerungszahl und ihr Wachstum

Quelle: https://www.bib.bund.de/DE/Fakten/Fakt/W03-Bevoelkerungszahl-Wachstum-Welt-ab-1950.html - Bundesinstitut für Bevölkerungsforschung

---

14 Vgl. https://www.bib.bund.de/DE/Fakten/Fakt/W03-Bevoelkerungszahl-Wachstum-Welt-ab-1950.html

Trotz des zurückgehenden Bevölkerungswachstums führt die steigende Anzahl an Menschen zu einem erhöhten Bedarf an Energie. Sie nutzen mehr Elektrogeräte und benötigen mehr Ressourcen, Wärme und Strom, um ihren Bedarf zu decken. Hinzu kommt, dass es insbesondere in Entwicklungsländern viele Menschen gibt, die noch gar keine Energieversorgung besitzen. 13 % der Weltbevölkerung besitzen noch keinen Zugang zur Stromversorgung.[15] Fehlender Zugang zu modernen Technologien und sauberer Energie ist weiterhin ein Problem für die Lebensqualität. Um die Lebensbedingungen dieser Menschen zu verbessern, ist es notwendig, die Energieversorgung auszubauen.

Das Wirtschaftswachstum trägt dazu bei, dass der Energieverbrauch steigt. Mit einer wachsenden Wirtschaft erhöht sich der Bedarf an Energie, um die Produktion von Gütern und Dienstleistungen zu gewährleisten.

Ein weiterer wichtiger Schritt ist die Elektrifizierung der Wärmeversorgung (Kapitel 8). Die Umstellung von fossilen Heizsystemen auf elektrische Wärmepumpen und Infrarotheizungen erhöht den Strombedarf. Allerdings können moderne Wärmepumpen sehr effizient sein und auf die energetische Gesamtbilanz gesehen, die eingesetzte Energie besser nutzen als herkömmliche Heizsysteme.

---

[15] Vgl. https://www.electricrate.com/data-center/electricity-prices-by-country/

Selbst wenn die effizientesten Technologien entwickelt werden, kann der wachsende globale Energiebedarf nicht allein durch Effizienzsteigerungen reduziert werden. Die Weltbevölkerung wächst und mit ihr auch der Bedarf an Energie. Gleichzeitig muss einem bewusst sein, dass fossile Brennstoffe begrenzt sind und ihre Nutzung unweigerlich zu einem Anstieg der CO_2-Emissionen führt, was wiederum den Klimawandel beschleunigt.

Daher muss sich darauf konzentriert werden, den steigenden Energiebedarf mit erneuerbaren Energien zu decken. Dazu gehören Solar-, Wind-, Wasserkraft-, Geothermie- und Bioenergie. Diese Formen erneuerbarer Energien sind unbegrenzt verfügbar und können auf lange Sicht eine nachhaltige Energieversorgung gewährleisten. Zusätzlich sollten auch Technologien wie Kernkraft, Kernfusion und Wasserstoff in Betracht gezogen werden, um die Vielfalt der Energiequellen zu erweitern und effiziente Lösungen für eine nachhaltige Energiezukunft zu erforschen.

Allerdings ist die Umstellung auf erneuerbare Energien keine leichte Aufgabe. Sie erfordert beträchtliche Investitionen in Infrastruktur, Technologie und Forschung. Es muss auch sichergestellt werden, dass die Energieversorgung zuverlässig und erschwinglich bleibt, während gleichzeitig Ressourcen gespart und CO_2-Emissionen gesenkt werden.

6

ERNEUERBARE ENERGIEN

Primärenergieträger bezeichnet man als „erneuerbar“, wenn sie sich von selbst und innerhalb menschlicher Zeitmaßstäbe erneuern.[16] Das bedeutet, dass diese Ressourcen nachhaltig genutzt werden können, da ihre Erneuerung schneller erfolgt als ihre Nutzung.

Fossile und nukleare Energieträger mussten sich im Gegensatz dazu in geologischen Prozessen über Jahrmillionen bilden.[17] Erneuerbare Energieträger zeichnen sich durch ihre Umweltfreundlichkeit im Vergleich zu fossilen Energieträgern aus. Zudem sind sie lokal verfügbar und erfordern keine Importe wie fossile Energieträger. Allerdings weist eine Studie darauf hin, dass für die Produktion erneuerbarer Energieträger möglicherweise mehr Rohstoffe

---

[16] Vgl. (Wesselak, Schabbach, Link, & Fischer, 2013, S. 109)

[17] Vgl. (Wesselak, Schabbach, Link, & Fischer, 2013, S. 68)

benötigt werden im Vergleich zu Braunkohlekraftwerken. Vertiefende Informationen dazu finden Sie in Kapitel 27.

Es kommen, wie auf Abbildung 5 dargestellt, folgende regenerative Energiequellen zum Einsatz:

- Sonne (Solarenergie)
- Wind (kinetische Energie)
- Wasser (kinetische Energie)
- Erde (thermische Energie)
- Biomasse (chemische Energie)

Die Sonne ist eine fundamentale Ressource für erneuerbare Energien, da sie die Energiequelle für viele natürliche Prozesse auf der Erde darstellt. Diese Energie kann direkt genutzt werden, um Strom oder Wärme zu erzeugen, aber auch indirekt, indem sie Windströmungen, Luft- und Bodenerwärmung, Verdunstung von Wasser und Pflanzenwachstum antreibt.

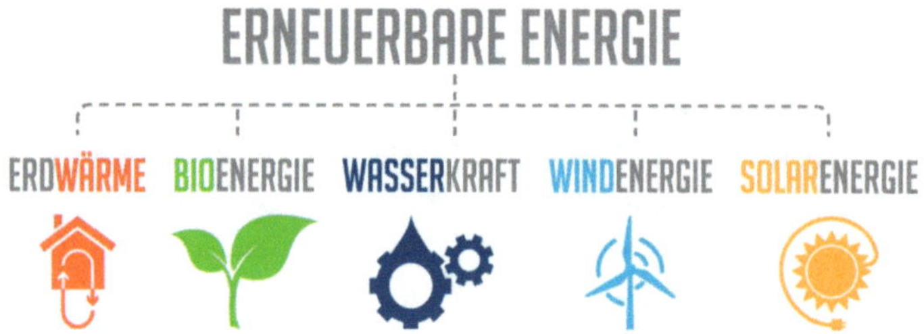

Abbildung 5: Übersicht der erneuerbaren Energien

Quelle: https://um.baden-wuerttemberg.de/de/energie/erneuerbare-energien - Ministerium für Umwelt, Klima und Energiewirtschaft Baden-Württemberg

Die Energiequellen, die wir als erneuerbare Energien bezeichnen, nutzen natürliche Energieströme auf der Erde, aber in vergleichsweise geringem Umfang. Um diese Energieressourcen zu regenerieren, nutzen wir die unerschöpfliche Kraft der Sonne. Die Sonne ist die primäre Energiequelle für alles Leben auf der Erde. Pflanzen wachsen mit Hilfe von Sonnenstrahlung und bauen Biomasse auf, während die Sonne das Wetter beeinflusst und für Wind und Niederschläge sorgt, die wiederum die Grundlage für die Nutzung von Wind- und Wasserkraft schaffen. Direkte Nutzungsmöglichkeiten der Sonnenenergie sind vielfältig. Photovoltaikanlagen, solarthermische Kraftwerke und Sonnenkollektoren nutzen die Sonnenstrahlung direkt, ohne Umwege, und wandeln die Strahlungsenergie in Strom oder Wärme um. Diese Technologien leisten einen wichtigen Beitrag zur Nutzung erneuerbarer Energien und helfen dabei, unsere Abhängigkeit von fossilen Brennstoffen zu reduzieren.[18]

---

[18] Vgl. https://www.erneuerbare-energien.de/EE/Navigation/DE/Technologien/Solarenergie-Photovoltaik/solarenergie-photovoltaik.html

7

ENERGIEWENDE & ENERGIEMIX

Die Energiewende in Deutschland ist ein politischer Prozess, bei dem der Anteil erneuerbarer Energien erhöht und der Anteil fossiler und nuklearer Energiequellen reduziert wird. Dieser Prozess begann Anfang der 1990er Jahre und hat seitdem zu einer starken Zunahme der Nutzung von erneuerbaren Energien in Deutschland geführt.[19]

Einer der Schwerpunkte der Energiewende ist die Erhöhung des Anteils von Strom aus erneuerbaren Energien. Bereits heute zählen Wind, Sonne, Wasser und Biomasse zu den wichtigsten Quellen bei der Stromversorgung. Der Anteil der erneuerbaren Energien am Bruttostromverbrauch lag Ende 2021 bei rund 41 Prozent und 2022 bei rund 42 %. Der größte Anteil wurde 2022 durch

---

[19] Vgl. https://www.bpb.de/kurz-knapp/lexika/lexikon-der-wirtschaft/159947/energiewende/

Windenergie mit anteilig 18 Prozent gedeckt.[20] Im Jahre 2011 war der Erneuerbare-Energien-Anteil mit 16,9 Prozent deutlich weniger als halb so hoch.[21] In den letzten Jahren hat sich der Strommix zunehmend zugunsten erneuerbarer Energien verschoben. Jedoch reicht es nicht aus, sich nur auf den Stromverbrauch zu konzentrieren, um eine erfolgreiche Energiewende zu erreichen. Es müssen auch Maßnahmen im Wärme- und Verkehrssektor umgesetzt werden.

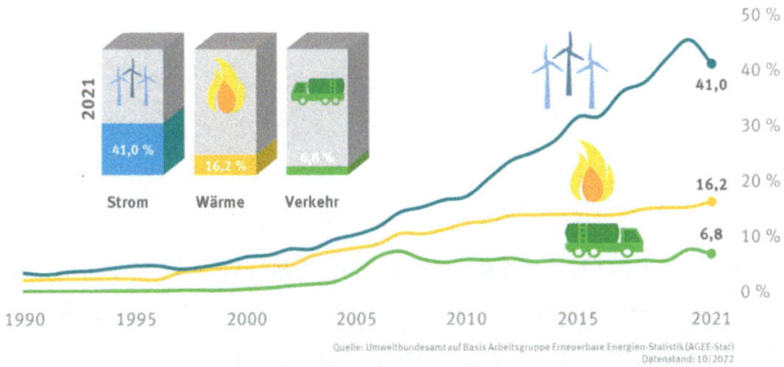

Abbildung 6: Entwicklung der Anteile erneuerbarer Energien 2021 –

Quelle: Umweltbundesamt

20 Vgl. https://www.fr.de/politik/wo-kommt-unser-strom-her-91836481.html

21 https://www.bundesregierung.de/breg-de/themen/klimaschutz/erneuerbare-energien-317608

Wie aus Abbildung 6 hervorgeht, besitzen erneuerbare Energien bei der Wärmeversorgung noch keinen hohen Anteil. Im Jahr 2021 betrug der Anteil erneuerbarer Energien am deutschen Endenergieverbrauch lediglich 16,2 Prozent. Im Verkehrssektor lag dieser Anteil sogar nur bei 6,8 Prozent. Gemäß den Berechnungsvorschriften der EU-Richtlinie zur Förderung erneuerbarer Energien wurden damit nur insgesamt 19,2 Prozent des Endenergieverbrauchs in Deutschland aus erneuerbaren Energien gedeckt.[22]

Der weltweite Energieverbrauch hat sich in den letzten vier Jahrzehnten um mehr als das Doppelte erhöht, wobei sich aber auch der Energiemix stetig verändert hat. Der Anteil von Öl ist zwischen 1973 und 2019 um 15,2 Prozentpunkte zurückgegangen, während die Anteile von Kohle und Gas um 2,2 bzw. 7,2 Prozentpunkte gestiegen sind. Wie im Tortendiagramm auf Abbildung 7 dargestellt ist, wurden im Jahr 2019 80,9 Prozent der weltweiten Primärenergieversorgung durch Öl (30,9 Prozent), Kohle (26,7 Prozent) und Gas (23,2 Prozent) bereitgestellt. Biomasse, Biogas und biologisch abbaubare Abfälle machten 9,4 Prozent, Kernenergie 5,0 Prozent, Wasserkraft 2,5 Prozent und neue erneuerbare Energien 2,2 Prozent aus. Mit neuen erneuerbaren Energien sind Geothermie, Solar-, Wind- und Meeresenergie (Gezeiten und Wellenkraftwerke) gemeint.

---

[22] Vgl. https://www.umweltbundesamt.de/themen/klima-energie/erneuerbare-energien/erneuerbare-energien-in-zahlen#ueberblick

Obwohl der absolute Verbrauch aller Energieträger zwischen 1973 und 2019 gestiegen ist, hat die Bedeutung der erneuerbaren Energien sowohl absolut als auch im Vergleich zu anderen Energieträgern zugenommen. Im Jahr 2019 betrug ihr Anteil 13,8 Prozent, wobei die Definition des Begriffs "erneuerbar" je nach Erhebungsansatz stark variiert.[23]

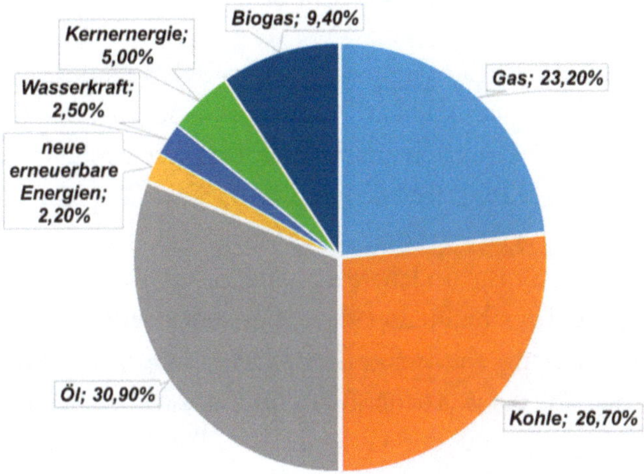

Abbildung 7: Weltweiter Primärenergiebedarf 2019

Eigene Darstellung

[23] Vgl. https://www.bpb.de/kurz-knapp/zahlen-und-fakten/globalisierung/52741/primaerenergie-versorgung/

Im Vergleich zur weltweiten Primärenergieversorgung aus erneuerbaren Energien fällt auf, dass Deutschland nur einen marginalen Vorsprung besitzt. Das bedeutet, dass Deutschland in diesem Bereich keine führende Rolle einnimmt und somit nicht als Vorbild für andere Länder dienen kann. Dennoch ist es positiv, dass Deutschland erneuerbare Energien in seiner Energieversorgung nutzt und dadurch einen Beitrag zum Klimaschutz leistet.

Die deutsche Regierung betrachtet auch den Ausstieg aus der Kernenergie als einen bedeutenden Schritt. Im Juni 2011 wurde in Reaktion auf die Nuklearkatastrophe im japanischen Atomkraftwerk Fukushima im März 2011 von der Bundesregierung ein schrittweiser Ausstieg aus der Atomenergie bis zum Jahr 2022 beschlossen und gesetzlich verankert. Dies beinhaltet das Erlöschen der Betriebsgenehmigung für ältere Kernkraftwerke. Der vollständige Ausstieg aus der Kernenergie sollte bis zum Jahr 2022 erfolgen.[24] Aufgrund der Gaskrise hat der Bundestag am Freitag, dem 11. November 2022, die Laufzeiten der letzten drei noch aktiven Atomkraftwerke in Deutschland – Emsland, Isar 2 und Neckarwestheim 2 – um weitere

24 Vgl. https://www.bpb.de/kurz-knapp/lexika/lexikon-der-wirtschaft/159947/energiewende/

dreieinhalb Monate bis zum 15. April 2023 verlängert.[25] Zurzeit sind keine Kernkraftwerke in Deutschland mehr aktiv.

„Die Bundesregierung hat sich zum Ziel gesetzt, die Treibhausgasemissionen in Deutschland bis zum Jahr 2020 um 40 Prozent, bis 2030 um 55 Prozent, bis 2040 um 70 Prozent und bis 2050 um 80 bis 95 Prozent zu reduzieren (jeweils bezogen auf das Basisjahr 1990)."[26]

Die Bundesregierung hat sich ebenfalls das Ziel gesetzt, bis spätestens 2038 aus der Braunkohle auszusteigen. Die Beendigung der Braunkohleverstromung in Nordrhein-Westfalen wird im Jahr 2030 acht Jahre früher vollzogen als ursprünglich im Kohleausstiegsgesetz vorgesehen.[27]

Die Energiewende stellt zweifellos einen bedeutenden Schritt in Richtung einer nachhaltigen und klimafreundlichen Energieversorgung dar. Bei der Umsetzung gibt es auch Herausforderungen, die zu bewältigen sind. Eine davon ist die Notwendigkeit das Stromnetz an die

---

[25] Vgl. https://www.bundestag.de/dokumente/textarchiv/2022/kw45-de-atomgesetz-freitag-917474

[26] https://www.bundesregierung.de/breg-de/aktuelles/co2-kohlenstoffdioxid-oder-kohlendioxid-emission-614692

[27] Vgl. https://www.bundesregierung.de/breg-de/schwerpunkte/klimaschutz/kohleausstieg-1664496

zunehmende Nutzung erneuerbarer Energien anzupassen. Eine weitere Herausforderung ist die Speicherung von Strom aus erneuerbaren Energien, da dieser in der Regel nur dann produziert wird, wenn die Ressourcen (Wind & Sonne) vorhanden sind und nicht immer zur Verfügung stehen. Die steigende Bedeutung von Batteriespeichern in der Energiewende wird durch eine deutliche Zunahme der Speicherkapazität in Deutschland unterstrichen. Eine im Dezember 2022 veröffentlichte Studie des Fraunhofer Instituts für Solare Energiesysteme in Freiburg prognostiziert, dass bis 2030 die Gesamtkapazität auf beeindruckende 100 Gigawatt ansteigen könnte. Insbesondere wird erwartet, dass private Stromspeicher allein bis zu diesem Zeitpunkt, also innerhalb von sechs Jahren, einen bedeutenden Beitrag von 13 Gigawatt leisten könnten. Diese beeindruckenden Zahlen wurden von Jörg Jaspers, einem Vertreter des Energieunternehmens EnBW, auf einem Symposium der Nationalen Akademie der Wissenschaften Leopoldina am 16. Februar 2023 in Halle vorgestellt.

Trotz der beeindruckenden Fortschritte und des optimistischen Ausblicks betont der Energiewirtschaftsexperte die aktuelle Realität von Lastschwankungen im Netz, die bereits heute beeindruckende 70 Gigawatt erreichen. In Anbetracht dieser Herausforderungen wirft das Kapitel einen kritischen Blick darauf, inwieweit Gigawattspeicher allein den Anforderungen an Energiesicherheit gerecht werden können und welche zusätzlichen Überlegungen notwendig sind, um eine nachhaltige und zuverlässige Energieinfrastruktur zu gewährleisten.

Eine weitere Herausforderung stellt die sogenannte Dunkelflaute dar. Dabei geht es um die Phasen, in denen Windkraft- und Photovoltaik-Anlagen nicht ausreichend Strom erzeugen, um den enormen Bedarf von etwa 80 Gigawatt in Deutschland zu decken.

In diesem Kontext hat die Bundesregierung neue Vorgaben für sogenannte Backup-Kraftwerke formuliert, die in diesen kritischen Zeiten einspringen sollen. Forscher betonen nachdrücklich die entscheidende Rolle von flexiblen Backup-Kraftwerken, insbesondere solchen, die auf Gas- und begrenzt Kohle basierter Energieerzeugung beruhen. Diese Kraftwerke sind von essenzieller Bedeutung, um die Leistungsspitzen abzusichern, die auftreten, wenn Windkraft- und PV-Anlagen nicht ausreichend Strom produzieren. Im Fokus stehen dabei nicht nur die traditionellen Kohlekraftwerke, sondern auch Gaskraftwerke. In Zukunft sollen neu errichtete Gaskraftwerke, die möglichst rasch auf Wasserstoff anstelle von Erdgas umgestellt werden können, eine entscheidende Rolle als Rückversicherung für die deutsche Stromversorgung spielen. Gemäß den strategischen Eckpunkten plant das Bundeswirtschaftsministerium, bis Ende 2024 Ausschreibungen für 8,8 Gigawatt an neuen Kraftwerken durchzuführen, die von Anfang an mit Wasserstoff betrieben werden. Später soll die Kapazität auf bis zu 15 Gigawatt an Wasserstoffkraftwerken erweitert werden, die vorübergehend mit

Erdgas betrieben werden können, bis sie an das Wasserstoffnetz angeschlossen sind.[28]

Ein wesentlicher Schritt in Richtung einer resilienten Energieversorgung ist die Schaffung eines flexiblen Energiemarktes. Dieser bietet der Bevölkerung die Möglichkeit, selbst erzeugten Strom einzuspeisen. Dabei spielen dynamische Tarife, intelligente Stromzähler sowie virtuelle Kraftwerke eine entscheidende Rolle. Die Integration von Elektrofahrzeugen und Smart Grids in Batterie-Pooling-Systeme eröffnet innovative Wege, um den Herausforderungen der Dunkelflaute zu begegnen.

Trotz der vielversprechenden Ansätze stehen noch zahlreiche Hürden bevor. Die europaweite Planung der Energiewende ist unerlässlich, um die Anzahl der laufenden Backup-Kraftwerke zu reduzieren. Dies erfordert eine verstärkte Zusammenarbeit und gemeinsame Planung der Energieversorgung durch die EU-Mitgliedsländer.[29]

---

28 Vgl. https://www.br.de/nachrichten/bayern/wasserstoff-kraftwerke-in-bayern-hier-sollen-sie-entstehen,U2ybZEA

29 Vgl. https://www.heise.de/news/Atomausstieg-Experten-fordern-Backup-Kraftwerke-gegen-die-Dunkelflaute-8964640.html

8

ELEKTRIFIZIERUNG DER WÄRMEVERSORGUNG

Die Elektrifizierung der Wärmeversorgung ist ein wichtiger Schritt, um die Abhängigkeit von fossilen Brennstoffen zu verringern und die Emissionen von Treibhausgasen zu reduzieren. Während der Anteil an erneuerbaren Energien im Stromsektor in den letzten Jahren zugenommen hat, ist es ebenso wichtig, den Gebäudesektor mit ihrer Wärmeversorgung zu elektrifizieren.[30]

Die Wärmeversorgung basiert in Gebäuden in vielen Regionen weiterhin stark auf fossilen Brennstoffen wie Öl und Gas. Die Elektrifizierung der Wärmeversorgung kann dazu beitragen, die Abhängigkeit von fossilen Brennstoffen zu verringern und die CO_2-Emissionen zu reduzieren.[31]

---

[30] Vgl. https://utopia.de/ratgeber/elektrifizierung-so-kann-sie-die-energiewende-vorantreiben/

[31] Vgl. https://www.energieratgeber-info.de/waermeversorgung-waerme-hat-viele-quellen

Eine Möglichkeit zur Elektrifizierung der Wärmeversorgung ist die Verwendung von Wärmepumpen. Diese Technologie nutzt die Wärmeenergie aus der Umgebung, um Warmwasser aufzubereiten und Raumwärme in Gebäuden zur Verfügung zu stellen. Es gibt verschiedene Arten von Wärmepumpen wie Luft-Wasser-, Sole-Wasser- und Wasser-Wasser-Wärmepumpen (s. Kapitel 23). Wärmepumpen eignen sich besonders gut für die Raumheizung und die Warmwasserbereitung und können in Kombination mit erneuerbaren Energien wie Solarthermie oder Photovoltaik eingesetzt werden.

Eine alternative Möglichkeit besteht darin, Infrarotheizkörper zu verwenden. Allerdings ist diese Heizmethode in Deutschland aufgrund der gegenwärtig hohen Strompreise meist nicht wirtschaftlich und im Vergleich zu Wärmepumpen weniger effizient. Wärmepumpen gewinnen den Großteil ihrer Energie aus der Umwelt (Boden, Luft oder Wasser), wobei nur ein geringer Anteil an Strom (ca. 1/4 des gesamten Wärmeenergiebedarfs) benötigt wird. Im Gegensatz dazu wird bei elektrischen Heizungen der Strom direkt, also eins zu eins, in Wärme umgewandelt, was weniger effizient ist. In Frankreich kommen oft elektrische Infrarotheizkörper zum Einsatz, da der Strompreis nur halb so hoch wie in Deutschland ist.[32]

---

32 Vgl. https://www.energie-klimaschutz.de/akzeptanz-energie-frankreich-deutschland-vergleich/

Eine Elektrifizierung der Wärmeversorgung erfordert jedoch auch eine Erhöhung der Energieeffizienz im Gebäudebereich. Dies kann durch Maßnahmen wie den Einsatz von Wärmedämmung, effizienten Fenstern und der Nutzung von Lüftungsanlagen mit Wärmerückgewinnung erreicht werden. Diese Maßnahmen können dazu beitragen, den Energiebedarf im Gebäudebereich zu senken. Um die zusätzliche Nachfrage nach Strom aufzunehmen, müssen das Stromnetz und die Stromversorgungssysteme angepasst und modernisiert werden. Dies umfasst die Erweiterung der Strominfrastruktur, den Ausbau von Energiespeichersystemen und die Integration von intelligenter Netztechnologie. Auch die Synchronisierung von Energiebedarf und -angebot sowie die Förderung von Lastmanagement-Systemen können helfen, das Stromnetz zu entlasten und eine zuverlässige Versorgung sicherzustellen.

9

WIRKUNGSGRAD

Der Wirkungsgrad ist ein physikalischer Kennwert der prozentual beschreibt, wie effizient ein System oder eine Maschine arbeitet. Er ist definiert als das Verhältnis der nutzbaren Energie, die das System liefert, zur Energie, die es aufnimmt. Beispiele für Wirkungsgrade finden sich in vielen Bereichen.

Ein Beispiel aus der Automobilindustrie ist der Wirkungsgrad eines Verbrennungsmotors. Ein Motor, der einen Wirkungsgrad von 30 % besitzt, wandelt 30 % der Energie, die er aufnimmt, in Bewegungsenergie um. Der restliche Anteil, also 70 %, wird in Wärmeenergie umgewandelt und ist zum größten Teil nicht nutzbar.

Ein weiteres Beispiel aus der Elektrotechnik ist der Wirkungsgrad eines Stromgenerators. Ein Generator mit einem Wirkungsgrad von 90 % wandelt 90 % der mechanischen Energie, die er aufnimmt, in elektrische Energie um. Der Rest geht in Form von Wärmeenergie verloren.

In der Solartechnik ist der Wirkungsgrad einer Photovoltaik-Zelle von Bedeutung. Eine Zelle mit einem Wirkungsgrad von 20 % wandelt 20 % der einfallenden Sonnenenergie in elektrische Energie um.

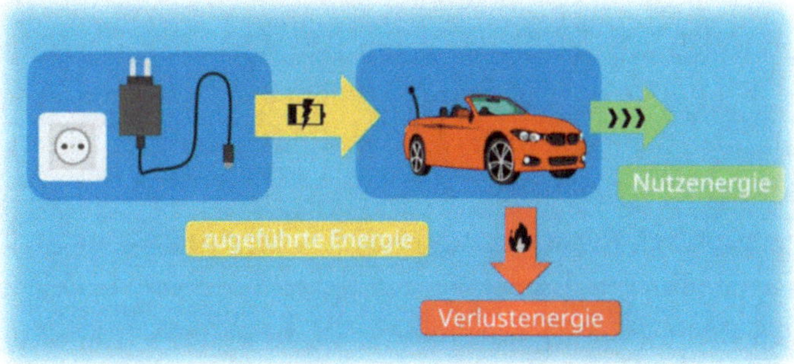

Abbildung 8: Wirkungsgrad am Beispiel eines Elektroautos

Quelle: https://studyflix.de/ingenieurwissenschaften/wirkungsgrad-3673 - Studyflix GmbH

Auf der Abbildung 8 sehen wir, dass die zugeführte Energie aus der Steckdose zum Laden des Akkus stammt. Ein Teil dieser Energie wird vom Elektromotor genutzt, um das Auto anzutreiben, wobei die kinetische Energie die Nutzenergie darstellt. Der Rest der Energie geht als Verlustenergie, in diesem Fall als Wärmeenergie z. B. durch Reibung, verloren.

Wirkungsgrade haben einen wichtigen Einfluss auf die Wirtschaftlichkeit, da sie angeben, wie effizient eine Maschine oder ein System arbeitet. Ein höherer Wirkungsgrad bedeutet, dass weniger Energie oder Rohstoffe benötigt werden, um dieselbe Leistung zu erbringen. Dies führt zu einer Kostenreduktion und einer verbesserten Wirtschaftlichkeit. Ein Beispiel hierfür ist die Verwendung von Solarzellen zur Stromerzeugung. Die Effizienz von Solarzellen wird durch ihren Wirkungsgrad gemessen, der angibt, wie viel des einfallenden Sonnenlichts in Strom umgewandelt werden kann. Wenn der Wirkungsgrad höher ist, kann eine Solarzelle mehr Strom produzieren und somit mehr Energie liefern. Dies führt zu einer höheren Wirtschaftlichkeit der Solarenergie, da weniger Solarzellen benötigt werden, um dieselbe Menge an Strom zu erzeugen. Ein niedriger Wirkungsgrad hingegen bedeutet, dass mehr Energie oder Rohstoffe benötigt werden, um dieselbe Leistung zu erbringen. Dies kann zu höheren Kosten und geringerer Wirtschaftlichkeit führen. Deshalb ist es wichtig, den Wirkungsgrad von Maschinen und Systemen zu optimieren, um ihre Effizienz zu erhöhen und die Wirtschaftlichkeit zu verbessern. In vielen Fällen gibt es jedoch technologische oder physikalische Grenzen, die den maximal erreichbaren Wirkungsgrad beschränken.

Im engen Zusammenhang zum Wirkungsgrad steht auch die sogenannte Primär-, End- und Nutzenergie. Auf dem Weg von der Primärenergie zur Nutzenergie entstehen „energetische Verluste“. Wie auf Abbildung 9 zu erkennen ist, bezeichnet die Primärenergie die Energie, die aus noch nicht weiterverarbeiteten Energieträgern gewonnen wird, wie zum Beispiel Steinkohle, Braunkohle, Erdöl, Erdgas, Wasser, Wind, Kernbrennstoffe, Solarstrahlung, Uran und andere. „[Die Primärenergie] wird in erheblichem Maße durch die wirtschaftliche Konjunktur, Preise für Rohstoffe und technische Entwicklungen beeinflusst. Auch die

Witterungsverhältnisse und damit der Bedarf an Raumwärme im Zeitraum eines Jahres spielen eine wichtige Rolle."[33] So ist dieser ein deutlicher Indikator für die Verursachung von Treibhausemissionen wie auch für den Verbrauch von endlichen Ressourcen.

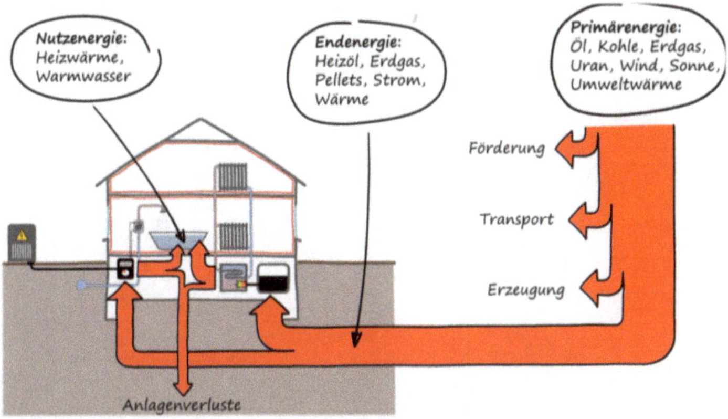

Abbildung 9: Nutz-, End- und Primärenergie

Quelle: https://www.ingenieure.immo/wiki/bauphysik/nutz-end-und-prim%C3%A4renergie/ - Christoph Mevenkamp

In spezifischen Aufbereitungs- und Umwandlungsprozessen muss dem Produkt weitere Energie zugeführt werden. Die Energie die beim Konsumenten ankommt, nennt man Endenergie und liegt z. B. als Heizöl, Erdgas, Pellets, Strom und Wärme vor.

---

33 https://www.umweltbundesamt.de/daten/energie/primaerenergieverbrauch#definition-und-einflussfaktoren

Die Energienutzung durch den Verbraucher beinhaltet weitere Umwandlungsprozesse. Dabei fallen weitere Verluste an. Die Energie, die für den Konsumenten eine Rolle spielt, nennt sich Nutzenergie. Diese fällt z.B. in Form von Wärme, mechanischer Arbeit oder Licht an.[34]

[34] Vgl. (Wesselak, Schabbach, Link, & Fischer, 2013, S. 4)

10

DER WEG VOM KRAFTWERK INS GEBÄUDE

Für den Betrieb unserer elektrischen Geräte wie Kühlschränke, Waschmaschinen, Staubsauger, Geschirrspüler, Zentralheizungen und E-Gitarren benötigen wir Strom, der aus verschiedenen Quellen stammen kann. Dazu gehören Kohle-, Gas- und Kernkraftwerke, Windparks, Biomasse-, Wasserkraft- oder Photovoltaikanlagen, die eine Spannung erzeugen, die den Strom durch das Netz fließen lässt.

Elektronen, kleine elektrisch geladene Teilchen, bewegen sich durch Leitungen und durchlaufen dabei ein bundesweit mehr als 1,7 Millionen Kilometer langes Stromnetz aus Freileitungen und Erdkabeln, dass unserem Straßennetz ähnelt. Das Stromnetz ist in verschiedene Etappen aufgeteilt, die unterschiedliche Spannungen verwenden.

Das Übertragungsnetz ist vergleichbar mit einer Autobahn und nimmt elektrische Energie von den großen Kraftwerken sowie Offshore-Windanlagen auf. Es transportiert den Strom über weite Strecken mit einer Spannung von 220 bis 380 Kilovolt, der sogenannten

Höchstspannung. Die Verteilnetze übernehmen die Funktion von Landes- oder Kreisstraßen und verteilen die Energie mit einer (Hoch-)Spannung von 60 bis 110 Kilovolt an Industrieunternehmen oder größere Umspannwerke. Mittelspannungsnetze leiten den Strom in der Regel mit 10 bis 20 Kilovolt zu Krankenhäusern und sogenannten örtlichen Trafostationen. Eine Trafostation ist eine Anlage, die dazu dient, die Spannung des Stroms zu regulieren. Sie wird verwendet, um die höhere Spannung, die in den Übertragungs- und Verteilungsnetzen verwendet wird, auf eine niedrigere Spannung zu reduzieren, die für den Einsatz in Haushalten und kleineren Betrieben geeignet ist.

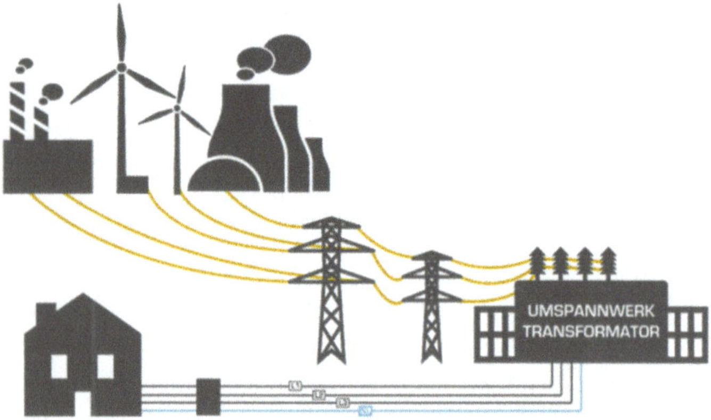

Abbildung 10: Strom vom Kraftwerk ins Gebäude

Quelle: https://diybook.de/bauen-renovieren/elektroarbeiten/elektroinstallation/wichtiges-wissen-elektrischen-strom-haushalt - diybook KG

Die Niederspannungsnetze stellen die letzte Etappe in der Stromversorgung dar und sind mit einer Länge von rund 1,1 Millionen Kilometern das kleinteiligste und am stärksten verzweigte Netz. Wie auf Abbildung 10 dargestellt ist, wird nachdem die elektrische Energie von den Kraftwerken über das Übertragungs- und Verteilungsnetz transportiert wurde, die Spannung in den Trafostationen der Stadtwerke erneut gedrosselt – auf 400 Volt. Diese Spannung wird dann über den Hausanschlusskasten aufgeteilt und liefert die haushaltsüblichen 230 Volt an den Steckdosen. Durch das schrittweise Absenken der Spannung im Netz können die Netzbetreiber Energieverluste beim Transport reduzieren. Denn hohe Spannungen bedeuten geringe Stromstärken, was somit die Übertragungsverluste reduziert.

Die Stromversorgung ist ein wichtiger Bestandteil unseres Alltags. Ein Stromausfall kann zu erheblichen Problemen führen. Doch das deutsche Stromnetz gehört weltweit zu den zuverlässigsten Netzen. Im Durchschnitt mussten deutsche Kunden 2018 nur etwa 14 Minuten auf Strom verzichten. Techniker und Ingenieure der Netzbetreiber sorgen dafür, dass Anlagen und Leitungen rund um die Uhr instandgehalten, ausgebaut und erneuert werden. Kommt es dennoch zu einer Störung, zum Beispiel durch einen Blitzeinschlag oder ein extremes Wetterereignis, wird das Problem schnellstmöglich behoben, um einen kontinuierlichen Stromfluss zu gewährleisten. Somit bleibt das Stromnetz im Fluss und unser energieintensiver Alltag kann reibungslos funktionieren.[35]

---

[35] Vgl. https://www.energie-tipp.de/neue-energie/der-weg-des-stroms-vom-kraftwerk-in-die-steckdose/

11

FOSSILE BRENNSTOFFE

Fossile Brennstoffe sind weltweit vertreten und haben zweifellos dazu beigetragen, den Wohlstand zu schaffen, den die Menschheit heute genießt. Fossile Brennstoffe wie Kohle, Öl und Gas sind seit Jahrhunderten die primären Energiequellen für die Weltwirtschaft. Sie werden verwendet, um Strom zu erzeugen, Autos zu betreiben, Häuser zu heizen und eine Vielzahl von industriellen Prozessen zu unterstützen

Fossile Brennstoffe haben die Energieversorgung revolutioniert und es möglich gemacht, dass sich die Menschheit in einer Weise entwickelt hat, die ohne sie nicht möglich gewesen wäre. Mit ihrer Hilfe konnten die Menschen Maschinen und Werkzeuge betreiben, die die Produktivität und die Wirtschaftskraft steigerten. Die Nutzung fossiler Brennstoffe hat den Menschen auch ermöglicht, ihre Lebensweise zu verbessern, indem sie Heizungen, Klimaanlagen und andere Annehmlichkeiten nutzen können. Trotz der Fortschritte der erneuerbaren Energien, wie beispielsweise Solarenergie, Windkraft, Biomasse usw., decken fossile Brennstoffe immer noch den Großteil des weltweiten Energiebedarfs. Wie in Kapitel 5 beschrieben, stammten gemäß der Bundezentrale für politische Bildung 2019 etwa 80 % der weltweiten Energieversorgung aus fossilen Brennstoffen.

Obwohl fossile Brennstoffe viele Vorteile bieten, gibt es auch Nachteile. Der größte Nachteil ist die Tatsache, dass die Verbrennung fossiler Brennstoffe zur Freisetzung von Treibhausgasen führt, die zum Klimawandel beitragen können. Es ist wichtig, dass die Menschheit Strategien entwickelt, um die Emissionen von Treibhausgasen zu reduzieren und den Übergang zu erneuerbaren Energien zu beschleunigen.

Es ist jedoch auch wichtig zu betonen, dass viele Länder, insbesondere in Entwicklungsländern, immer noch stark von fossilen Brennstoffen abhängig sind. Diese Länder müssen ihren Energiebedarf decken, um ihre Wirtschaft aufzubauen und ihre Bürger zu versorgen. Eine schnelle Abkehr von fossilen Brennstoffen kann für diese Länder schwierig und teuer sein, insbesondere wenn sie keine ausreichenden Ressourcen haben, um erneuerbare Energien zu erschließen. In diesen Fällen kann es sinnvoll sein, fossile Brennstoffe in begrenztem Umfang weiterhin zu nutzen, während man gleichzeitig den Übergang zu erneuerbaren Energien vorantreibt.

Im Folgenden soll auf fossile Kraftwerke eingegangen werden:

Die am häufigsten genutzten fossil betriebenen Kraftwerke sind Kohlekraftwerke. In diesen wird Kohle verbrannt, um Dampf zu erzeugen. Durch den Dampf werden Turbinen angetrieben, die an Generatoren gekoppelt sind und somit Strom erzeugen. Sie sind der Regel sehr groß und können eine hohe Leistung erzeugen. Sie sind jedoch auch sehr umweltschädlich, da sie große Mengen an CO_2 und andere Treibhausgase ausstoßen und zur Luftverschmutzung beitragen.

Ölkraftwerke sind weniger verbreitet als Kohlekraftwerke, da Öl in der Regel teurer und weniger verfügbar ist als Kohle. Sie funktionieren jedoch auf ähnliche Weise und erzeugen ebenfalls große Mengen an Treibhausgasemissionen.

Gaskraftwerke sind eine sauberere Alternative zu Kohle- und Ölkraftwerken, da sie in der Regel weniger CO_2 ausstoßen.[36] Diese nutzen Gas als Brennstoff und können schnell an die Nachfrage angepasst werden. Sie sind jedoch immer noch fossil und tragen somit zur Erderwärmung bei. Gaskraftwerke können als "Brückentechnologie" betrachtet werden, da sie dazu beitragen können, den CO2-Ausstoß zu reduzieren und gleichzeitig die Versorgungssicherheit zu gewährleisten, während erneuerbare Energien

---

[36] Vgl. https://www.ise.fraunhofer.de/de/presse-und-medien/news/2019/33-prozent-weniger-co2-emissionen-durch-brennstoffwechsel-von-kohle-auf-gas.html

wie Wind und Sonne weiter ausgebaut werden. Die Stromproduktion von erneuerbaren Energien ist jedoch wetterabhängig und nicht immer konstant verfügbar, was bedeutet, dass sie als alleinige Stromerzeuger meistens nicht ausreichen, um den Energiebedarf der Bevölkerung zu decken.

Die Nutzung von fossilen Brennstoffen wie Öl, Gas und Kohle hat eine Reihe von Nachteilen. Einer der wichtigsten ist die Tatsache, dass diese Brennstoffe nicht erneuerbar sind und irgendwann ausgehen werden. Sie tragen auch zur Klimaerwärmung bei, da beim Verbrennen von fossilen Brennstoffen Treibhausgase wie Kohlendioxid freigesetzt werden.

Ein weiterer Nachteil ist die Umweltbelastung, die durch die Gewinnung und den Transport dieser Brennstoffe verursacht wird. Der Transport von fossilen Brennstoffen kann auch Risiken für die Umwelt und die öffentliche Sicherheit darstellen. Öltanker können Ölverschmutzungen verursachen, wenn sie havarieren. Gaslecks in Pipelines stoßen Methan aus, was ebenfalls ein Treibhausgas darstellt. Weiterhin ist die Abhängigkeit von fossilen Brennstoffen und die damit verbundene Abhängigkeit von fossilen Brennstoffimporten ein Problem. Dies kann zu wirtschaftlichen Komplikationen führen, wenn die Preise für fossile Brennstoffe steigen. Auch kann es zu politischen Risiken führen, wenn die Länder, von denen die Brennstoffe importiert werden, politisch instabil sind. Ein weiteres Problem der fossilen Kraftwerke ist die Luftverschmutzung. Sie stoßen große Mengen an Feinstaub und Stickoxiden aus, was zu gesundheitlichen Problemen führen kann, insbesondere bei Menschen mit Atemwegserkrankungen. Auch die Stickoxidemissionen führen zu sauren Regen und Schäden an Vegetation und Gebäuden. Stickoxide tragen ebenfalls stark zur Smogbildung bei.[37]

Eines der vielversprechendsten Werkzeuge zur Bekämpfung des Klimawandels ist die Kohlenstoffabscheidung und -speicherung. CCS (Carbon Capture and Storage) ist eine Technologie, die dazu beitragen kann, CO2 aus den Emissionen von Kraftwerken und anderen Industrieanlagen abzuscheiden und unterirdisch zu speichern, anstatt es in die Atmosphäre freizusetzen. Das Ziel von CCS ist es, den Kohlenstoff-Fußabdruck der Industrie zu reduzieren. Die Verwendung dieser Technologie ist in verschiedenen Ländern unterschiedlich geregelt. Einige Länder haben Gesetze erlassen, die die Verwendung von CCS einschränken, während andere Länder CCS als eine notwendige Technologie betrachten, um die Emissionen zu reduzieren. Das deutsche GeoForschungsZentrum Potsdam (GFZ) hat von 2004 bis 2017 zahlreiche Messungen dazu durchgeführt und laut Abschlussbericht als erfolgreich und vor allem als sicher eingestuft. Dabei wurden 70.000 Tonnen CO2 in den Untergrund eingeleitet. Während Länder wie Kanada, Norwegen und Australien CCS als eine wichtige Technologie betrachten, um ihre Klimaziele zu erreichen, ist diese

---

[37] Vgl. https://www.lungenliga.ch/de/die-lungen-schuetzen/luft-gesundheit/stickoxide.html

Technologie in Deutschland jedoch verboten.[38] Seit über 26 Jahren hat Norwegen erfolgreich Erfahrung in der sicheren Speicherung von CO2 unter dem Meeresboden gesammelt, insbesondere durch die Umsetzung von CCS-Projekten.[39]

Es ist jedoch wichtig zu beachten, dass CCS nicht als "magische Lösung" betrachtet werden sollte, um die Emissionen von fossilen Brennstoffen zu beseitigen. Während CCS dazu beitragen kann, die Emissionen von Kohlekraftwerken und anderen Industriezweigen zu reduzieren, erfordert es auch eine erhebliche Investition, um es effektiv umzusetzen. CCS sollte auch nicht dazu verwendet werden, um damit Braunkohlekraftwerke länger zu betreiben, sondern um den Ausbau von erneuerbaren Energien zu unterstützen.

Im Gebäudebereich gibt es verschiedene Arten von Heizungssystemen, die ebenso auf fossilen Brennstoffen basieren:

1. Ölheizung: Hier wird Heizöl verwendet, um Wärmeenergie zu erzeugen. Ölheizungen sind in Gebieten mit unzureichender Gasversorgung weit verbreitet. Heute sind noch massenhaft Öl-

---

[38] Vgl. https://www.zeit.de/wissen/2022-09/co2-speicherung-ccs-norwegen-deutschland

[39] Vgl. https://businessportal-norwegen.com/2022/12/20/norwegen-und-frankreich-wollen-zusammenarbeit-bei-ccs-verstaerken/

Brennwerthermen und Niedertemperaturkessel in Gebäuden in Betrieb.

2. Gasheizung: Hier wird Erdgas verwendet, um Wärmeenergie zu erzeugen. Gasheizungen sind in Gebieten mit ausreichender Gasversorgung weit verbreitet und gelten als eine der effizientesten und umweltfreundlichsten Arten von fossilen Heizsystemen. Auch Gas-Brennwerthermen und Niedertemperaturkessel sind noch massenhaft in Gebäuden in Betrieb.

3. Kohleheizung: Hier wird Kohle verwendet, um Wärmeenergie zu erzeugen. Kohleheizungen sind in Gebieten mit unzureichender Gas- und Ölversorgung verbreitet, sind jedoch in Bezug auf Umwelt und Gesundheit weniger vorteilhaft.

4. Hybridheizungen: Eine Hybridheizung kombiniert mehrere Heizsysteme, wie z.B. eine Öl- oder Gasheizung mit einer Wärmepumpe oder einer Solarthermischen Anlage.

Investitionen in erneuerbare Energien, wie Solar, Wasser- und Windenergie, sowie in Energieeffizienz, sind notwendig um eine nachhaltige und saubere Energiezukunft zu erreichen.

12

WINDKRAFT

Windkraftanlagen, allgemein bekannt als Windenergieanlagen, sind technische Einrichtungen, die die kinetische Energie des Windes in elektrische Energie umwandeln. Wie auf Abbildung 11 ersichtlich, bestehen sie typischerweise aus Rotorblättern die vom Wind angetrieben werden, einem Generator zur Stromerzeugung und einem Turm. Der Turm fungiert als Tragstruktur für den Rotor als auch den Generator. Der Generator befindet sich an der Spitze des Turmes im Maschinenhaus und ist mit dem Rotor gekoppelt.

Die Geschichte der Windkraft reicht bis in die Antike zurück, wo sie hauptsächlich zur Wassergewinnung und zur mechanischen Arbeit genutzt wurde. Erst im 20. Jahrhundert begann die industrielle Nutzung von Windenergie, mit der Entwicklung moderner Windturbinen und der Einführung von Technologien zur Stromerzeugung.

Windkraftanlagen werden in zwei Hauptkategorien unterteilt: Horizontale Windkraftanlagen und vertikale Windkraftanlagen. Horizontale Windkraftanlagen besitzen

Rotoren, die parallel zur Erdoberfläche ausgerichtet sind, während vertikale Windkraftanlagen Rotoren besitzen, die senkrecht dazu ausgerichtet sind.

Horizontale Windkraftanlagen bestehen aus einem oder mehreren Rotoren, die an einer horizontalen Welle befestigt sind. Jeder Rotor besteht aus mehreren Flügeln oder Rotorblättern, die sich im Wind drehen und dadurch eine Kraft auf die Welle ausüben, die den Generator antreibt. Die Konstruktion der Rotorblätter ist darauf ausgelegt, eine maximale Kraftübertragung zu erzielen, um eine höhere Energieeffizienz zu erreichen.

Abbildung 11: Eine horizontale Windkraftanlage

Quelle: https://www.rnd.de/beruf-und-bildung/servicekraft-fuer-windkraftanlagen-voraussetzungen-eignung-berufschancen-JOVE7RR6R5GTLOV3MUEHRPIESE.html - Tom Weller/dpa

Diese Art von Windkraftanlagen werden auch Auftriebsläufer genannt und machen sich die aerodynamische Rotorblattform zunutze, die an eine Flugzeugtragfläche erinnert. Sie nutzen den Auftrieb des Rotors im Wind, um Energie zu erzeugen. Sie eignen sich besonders für Orte an denen hohe Windgeschwindigkeiten auftreten. Horizontale Windkraftanlagen besitzen in der Regel eine höhere Leistung als Widerstandsläufer bzw. vertikale Windkraftanlagen, da sie die Energie des Windes besser nutzen können. Sie sind auch in der Lage größere Rotoren zu tragen und somit mehr Energie zu produzieren. Sie sind jedoch auch komplexer in ihrer Konstruktion und Wartung.[40]

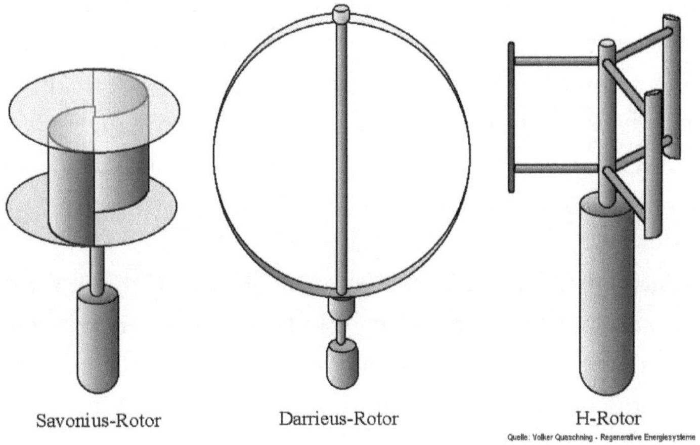

Abbildung 12: Vertikale Windkraftanlagen

Quelle: https://www.grund-wissen.de/diplomarbeit/funktionsweisen-erneuerbarer-energietechnologien.html - Volker Quaschning: Regenerative Energiesysteme. Hanser Verlag, München, 2007

40 Vgl. https://www.enargus.de/pub/bscw.cgi/d831-2/*/*/Auftriebsl%C3%A4ufer.html?op=Wiki.getwiki

Vertikale Windkraftanlagen sind weniger verbreitet als horizontale Windkraftanlagen, da sie in der Regel weniger effizient sind. Vertikale Windkraftanlagen werden auch als als Widerstandsläufer bezeichnet. Wie auf Abbildung 12 zu erkennen ist, gibt es diese in verschiedenen Ausführungen mit diversen Rotorblattformen, die teilweise an Propellerblattformen erinnern. Sie nutzen den Widerstand des Rotors gegen den Wind, um Energie zu erzeugen. Sie eignen sich besonders für Orte mit geringen Windgeschwindigkeiten. Sie bestehen aus einem oder mehreren Rotoren, die senkrecht zur Erdoberfläche ausgerichtet sind. Am Rotor sind mehrere, an einer Welle befestigte, Flügel oder Rotorblätter befestigt. Die Rotorblätter sind so konstruiert, dass sie sich im Wind drehen und dadurch eine Kraft auf die Welle ausüben, die wiederum den Generator antreibt.[41]

Windkraftanlagen werden hauptsächlich in Gebieten mit starken und zuverlässigen Windströmungen betrieben, wie zum Beispiel an Küsten oder auf Hügeln. Sie können sowohl als Einzelanlagen als auch in Form von Windparks betrieben werden. Ein Windpark besteht aus mehreren Windkraftanlagen, die auf einem gemeinsamen Gelände errichtet werden. Dies ermöglicht es, die Kosten für die Infrastruktur und den Betrieb zu reduzieren und die Gesamtleistung des Parks zu erhöhen.

---

41 Vgl. https://www.enargus.de/pub/bscw.cgi/d13838-2/*/*/Widerstandsl%c3%a4ufer.html?op=Wiki.getwiki

Sogenannte **Onshore-Windkraftanlagen** befinden sich auf dem Land, während Offshore-Windkraftanlagen auf dem Meer oder im Meer errichtet werden. **Onshore-Anlagen** sind in der Regel kosteneffizienter und einfacher zu errichten und zu warten, haben jedoch auch geringere Windgeschwindigkeiten zu erwarten und sind für die Umwelt beeinträchtigender. Offshore-Anlagen haben den Vorteil über höhere Windgeschwindigkeiten angetrieben zu werden und einen geringeren visuellen und akustischen Einfluss zu haben. Diese sind jedoch teurer, schwieriger zu errichten und zu warten.[42]

Ein großer Vorteil von Windenergie besteht darin, dass sie eine saubere und erneuerbare Energiequelle ist, die keine schädlichen Emissionen verursacht. Sie trägt somit zur Verringerung der Treibhausgasemissionen bei und hilft bei der Bekämpfung des Klimawandels.

Ein Nachteil von Windkraftanlagen ist jedoch, dass Vögel und Fledermäuse gefährdet werden, da sie von den Rotoren erfasst werden können. Es gibt jedoch Maßnahmen, die ergriffen werden können, um diese Auswirkungen zu minimieren, z.B. durch die Verwendung von Radar[43]- und

---

[42] Vgl. https://www.bundesregierung.de/breg-de/aktuelles/onshore-windenergie-614812

[43] Vgl. https://www.erneuerbareenergien.de/technologie/onshore-wind/radarerfassung-intelligente-windturbine-toetungsrisiko-von-voegeln-minimieren

akustischen Warnsystemen[44], die Tiere vor den Rotoren warnen. An Standorten, an denen sich viele Vögel und Fledermäuse aufhalten, sollten erst gar keine Windkraftanlagen aufgestellt werden. Es existieren auch eine Reihe von Studien, die die Auswirkungen von Windkraftanlagen auf Vögel und Fledermäuse untersuchen, um bessere Schutzmaßnahmen entwickeln zu können.

Der Wirkungsgrad (s. Kapitel 9) einer Windkraftanlage beschreibt, wie viel der von der Anlage aufgenommenen Windenergie in elektrischen Strom umgewandelt wird. Er wird in Prozent angegeben und kann je nach Anlagentyp und Standort variieren. Dieser Wert hängt von mehreren Faktoren ab, wie zum Beispiel der Anlagengröße, dem Rotordurchmesser, der Rotorblattform und der Steuerungstechnologie. Auf Abbildung 13 ist ein sogenanntes Sankey-Diagramm dargestellt, welches aufzeigt, dass moderne Windkraftanlagen in der Regel einen Wirkungsgrad von 45 % besitzen. Dies bedeutet, dass 45 % der von der Anlage aufgenommenen Windenergie in elektrischen Strom umgewandelt wird.[45] Der maximale physikalische Wirkungsgrad einer Windkraftanlage wird als Betzsches Gesetz bezeichnet und beträgt etwa 59,3 %. Dieser Wert wurde von

---

[44] Vgl. https://www.nzz.ch/schweiz/windrad-warnsystem-beruhigt-vogelfreunde-nicht-ld.728240

[45] Vgl. https://www.b-command.com/anwendungen/windenergie/wirkungsgrad-windkraft/

dem deutschen Physiker Albert Betz in den 1920er Jahren berechnet. Er beschreibt das Verhältnis der von einer Windkraftanlage aufgenommenen Windenergie zur erzeugten elektrischen Energie.[46]

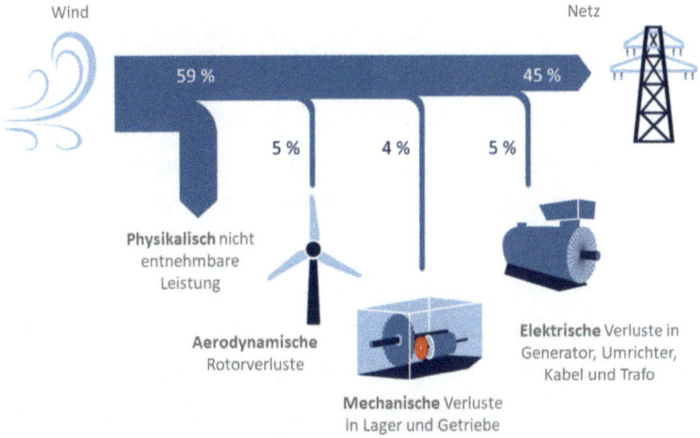

Abbildung 13: Energieflussdiagramm einer horizontalen Windkraftanlage

Quelle: https://www.wind-energie.de/themen/anlagentechnik/funktionsweise/energiewandlung/ - Bundesverband WindEnergie e. V.

Es ist wichtig zu beachten, dass dieser Wert nur unter optimalen Bedingungen erreichbar ist und in der Praxis nicht erreicht wird. Die volle Energie des Windes kann nicht genutzt werden, da dies dazu führen würde, dass die Luft hinter den Rotorblättern stehen bleibt. Das würde

---

[46] Vgl. https://www.weltderphysik.de/gebiet/technik/energie/windenergie/physik-der-windenergie/

wiederum dazu führen, dass die Blätter nicht mehr vom Wind angetrieben werden können, da es zu einem Luftstau kommt. Trotzdem ist es von Bedeutung, die Effizienz auf einem hohen Niveau zu halten und die Technologie kontinuierlich zu verbessern.

Die Kosten für die Errichtung und den Betrieb von Windkraftanlagen sind in den letzten Jahren stark gesunken. Dies hat dazu geführt, dass Windenergie zu einer immer wichtigeren Energiequelle geworden ist. In vielen Ländern ist es jetzt wettbewerbsfähig mit anderen Energiequellen und es wird erwartet, dass dieser Trend in Zukunft anhält. Insgesamt ist Windenergie eine wichtige und wachsende Quelle der erneuerbaren Energien. Durch die Fortentwicklung von Technologien und die zunehmende Akzeptanz kann es eine wichtige Rolle bei der Bekämpfung des Klimawandels und der Erreichung der Energieunabhängigkeit spielen.

13

PHOTOVOLTAIK

Photovoltaik ist eine Technologie, die die Umwandlung von Sonnenenergie in elektrische Energie ermöglicht. Sie ist Teil der erneuerbaren Energiequellen und trägt dazu bei, den CO_2 Ausstoß zu reduzieren und die Abhängigkeit von fossilen Brennstoffen zu verringern.

Solarzellen sind das Herzstück einer Photovoltaikanlage. Wie auf Abbildung 14 dargestellt, bestehen sie aus einer Schicht aus reinem Silizium, das mit anderen Materialien wie Bor und Phosphor dopiert wurde, um p- und n-Regionen zu bilden. Wenn Licht auf die Solarzelle trifft, erzeugt es Elektronen-Loch-Paare, die in den p- und n-Regionen gesammelt werden und so einen elektrischen Strom erzeugen. [47]

[47] Vgl. https://www.sunshineenergy.de/photovoltaik-ratgeber/grundlagen-photovoltaik/wie-funktioniert-eine-solarzelle/

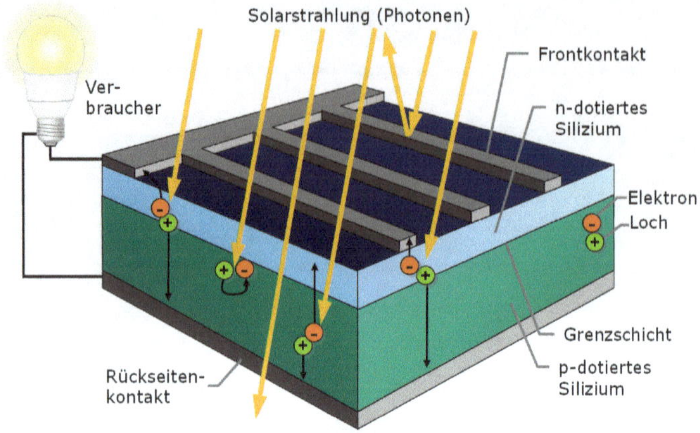

Abbildung 14: Aufbau und Vorgänge in einer Solarzelle

Quelle: https://www.volker-quaschning.de/artikel/pv-grundlagen/index.php - Volker Quaschning

Es existieren verschiedene Arten von Photovoltaikanlagen, die auf unterschiedlichen Technologien basieren und unterschiedliche Wirkungsgrade besitzen. Die wichtigsten Typen sind:

1. Monokristalline Photovoltaikanlagen: Diese Anlagen bestehen aus monokristallinem Silizium und besitzen einen Wirkungsgrad von etwa 18 – 22 %. Sie sind kompakt und haben eine hohe Leistungsdichte, aber sind auch teurer als andere Arten von Photovoltaikanlagen.

2. Polykristalline Photovoltaikanlagen: Diese Anlagen bestehen aus polykristallinem Silizium und haben einen Wirkungsgrad von etwa 15 – 18 %. Sie

sind günstiger als monokristalline Anlagen, aber auch weniger leistungsstark.[48]

3. Dünnschichtphotovoltaikanlagen: Diese Anlagen nutzen Dünnschichtmaterialien wie amorphes Silizium (Si), Cadmiumtellurid (CdTe) oder Kupferindiumgalliumdiselenid (CIGS) und besitzen Wirkungsgrade von etwa 10 - 13 %. Sie sind kosteneffizienter als monokristalline und polykristalline Anlagen, aber auch weniger leistungsstark.[49]

Photovoltaikanlagen können auf verschiedene Arten installiert werden. Auf Dächern von Gebäuden oder auf Freiflächen. Sie bestehen aus einer Vielzahl von Solarzellen, die in Modulen oder Panels zusammengefasst sind, und einem Wechselrichter, der den von den Solarzellen erzeugten Gleichstrom in Wechselstrom umwandelt, der in das Stromnetz eingespeist werden kann. Ein weiterer wichtiger Bestandteil einer Photovoltaikanlage sind die Stromspeicher, welche dazu dienen, die überschüssige Energie zu speichern und bei Bedarf wieder abzurufen. Das System besteht im Wesentlichen aus einer oder mehreren Batterien und einem oder mehreren Wechselrichtern. Der Wechselrichter wandelt den von den Solarpanels

---

[48] Vgl. https://www.solaranlage-ratgeber.de/photovoltaik/photovoltaik-technik/photovoltaik-solarmodule

[49] Vgl. https://gruenes.haus/duennschicht-solarmodule-solarzellen/

erzeugten Gleichstrom in Wechselstrom um, der in der üblichen Haushaltsinstallation verwendet werden kann.

Abbildung 15: Photovoltaikmodule auf einer Dachfläche

Gefunden auf: https://www.agrarheute.com/energie/welt-ranking-diese-laender-erzeugen-meisten-pv-strom-593848 - Originalquelle: stock.adobe.com/Smileus

„Der MPP-Tracker im Wechselrichter sorgt unentwegt dafür, dass die Leistung der zu Strings zusammengefassten Module, immer optimal auf den jeweiligen Strahlungs- und Temperaturzustand abgestimmt ist.“[50]

Ein sogenannter Hybridwechselrichter hingegen geht darüber hinaus. Er ermöglicht nicht nur die Umwandlung von Gleichstrom in Wechselstrom, sondern integriert auch die

---

50 https://www.photovoltaik.org/photovoltaikanlagen/wechselrichter/mpp-tracking

Möglichkeit, Energie in Batterien zu speichern. Das heißt, er fungiert als Schnittstelle zwischen den Solarpanels, der Batterie und dem Stromnetz. Hybridwechselrichter erlauben somit eine effizientere Nutzung von selbst erzeugtem Solarstrom durch die Speicherung überschüssiger Energie für den späteren Gebrauch.

Ein wichtiger Faktor für die Effizienz von Photovoltaikanlagen ist die Orientierung und Neigung der Panels. Sie sollten möglichst direkt nach Süden ausgerichtet und so geneigt sein, dass sie den größtmöglichen Anteil der einfallenden Sonnenstrahlen aufnehmen können. Auch die Witterungsbedingungen spielen eine Rolle, da Schnee oder Laub die Effizienz beeinträchtigen können.

Sogenannte **PVT-Kombimodule** vereinen Photovoltaik und Solarthermie, auch als Solarhybrid bekannt. PVT-Module bestehen aus zwei übereinanderliegenden Schichten: oben befinden sich die Solarzellen zur Stromgewinnung, unten die Kollektoren zur Wärmegewinnung. Diese Anlagen nutzen die unterschiedlichen Frequenzen der Sonnenstrahlen. Das sichtbare Licht- oder Farbspektrum für den Menschen reicht von violett über blau, grün, gelb, orange bis dunkelrot und hat eine Wellenlänge von 400 bis 680 Nanometer (nm). Unterhalb und oberhalb dieser Skala ist die Strahlung für Menschen unsichtbar. Sehr kurzwellige Strahlung beginnt bei "ultraviolett" (UV), während sehr langwellige Strahlung als "infrarot" (IR) bezeichnet wird. Die Photovoltaik nutzt das sichtbare Licht, während die Solarthermie die unsichtbare

Infrarotstrahlung ausnutzt.[51] Durch die Installation eines Rohrregisters hinter dem Photovoltaik-Modul, wird über den thermischen Absorber die Abwärme und die Umgebungswärme aufgenommen und kann z. B. als Wärmequelle für eine Sole-Wasser-Wärmepumpe dienen. Der erzeugte Solarstrom kann vom Haushalt entweder für den Betrieb der Wärmepumpe oder für andere Verbraucher im Haushalt genutzt werden.[52]

Sogenannte **Balkonkraftwerke** bieten eine mühelose Möglichkeit, Sonnenenergie zu nutzen, ohne aufwendige Installationen vornehmen zu müssen. Viele Stecker-Solaranlagen sind sogar als vollständige Pakete erhältlich, die Solarpaneele, Kabel und Wechselrichter bereits beinhalten. Dies erleichtert die unkomplizierte Einspeisung des erzeugten Stroms ins Hausnetz und ermöglicht es Privatpersonen auf einfache Weise, ihren eigenen umweltfreundlichen Strom zu produzieren und einen Beitrag zur Energiewende zu leisten. Die bisherige Höchstkapazität von 600 Watt resultiert aus der Möglichkeit, in der Regel Stromerzeuger mit einer Leistung von 600 Watt an einen mit 16 Ampere abgesicherten Endstromkreis anzuschließen. Bei einer Spannung von 230 Volt ergibt sich eine zusätzliche

---

51 Vgl. https://www.solaranlage-ratgeber.de/photovoltaik/photovoltaik-und-waerme/pvt-photovoltaik-und-solarthermie-kombiniert

52 Vgl. https://www.solarserver.de/wissen/basiswissen/hocheffizientes-heizsystem-pvt-kollektor-und-waermepumpe/

Stromkapazität von 2,6 Ampere im Hausnetz, was für die meisten Elektroinstallationen unproblematisch ist (2,6 Ampere * 230 Volt = 600 Watt). Bis zum Jahr 2024 ist jedoch geplant, die Einspeisegrenze auf 800 Watt zu erhöhen, in Anlehnung an die bereits in vielen Nachbarländern gängige Praxis.[53]

Wärmepumpen, wie im Kapitel 23 beschrieben, bieten eine zusätzliche Möglichkeit zur Nutzung erneuerbarer Energien für die Gebäudeheizung. Sie entziehen der Umgebungsluft, dem Erdreich oder dem Grundwasser Wärme und geben diese in das Heizungssystem ab. Grundsätzlich lässt sich eine Integration mit Photovoltaik-Anlagen realisieren, da Wärmepumpen einen Teil ihres benötigten Stroms aus der Sonnenenergie beziehen können. Jedoch besteht eine deutliche zeitliche Diskrepanz zwischen dem saisonalen Wärmebedarf des Gebäudes und der maximalen Stromerzeugung durch die Photovoltaikanlage. Im Sommer ist der Bedarf an Heizenergie gering, während die Sonneneinstrahlung und somit die PV-Stromproduktion oft ihren Höhepunkt erreichen. Im Winter hingegen ist der Bedarf an Heizenergie hoch, jedoch gibt es in dieser Jahreszeit vergleichsweise wenig Sonneneinstrahlung und somit weniger erzeugten PV-Strom, der für die Wärmepumpe verwendet werden kann. Daher wird der Großteil des PV-Stroms in den Übergangszeiten im Frühling und

---

[53] Vgl. https://www.homeandsmart.de/balkonkraftwerk-was-ist-das

Herbst den Wärmebedarf decken, was in der zeitlichen Verteilung der Energieanforderungen berücksichtigt werden sollte. Die Abbildung 16 zeigt den Strombedarf und die PV-Stromerzeugung eines Beispielhaushalts über die verschiedenen Monate des Jahres. Es ist offensichtlich, dass die PV-Stromerzeugung (orangefarbene Linie) in den Wintermonaten erheblich niedriger ist, als in den Sommermonaten. Währenddessen bleibt der Haushaltsstrombedarf (gelbe Balken) sowie der Strombedarf für die Warmwasserbereitung mittels Wärmepumpe (blaue Balken) im Jahresverlauf relativ konstant.

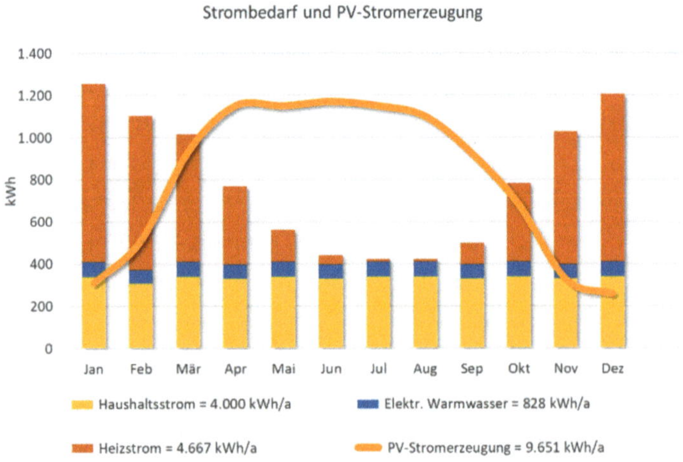

Abbildung 16: Strombedarf (Haushalt und Wärmepumpe) und PV-Stromerzeugung

Quelle: https://www.verbraucherzentrale-rlp.de/sites/default/files/2022-03/220221_faktencheck_wp_pv_inhalt_final_e.pdf - Verbraucherzentrale Rheinland-Pfalz e.V.

Der Heizstrombedarf (braune Balken) ist jedoch im Winter am höchsten und im Sommer sehr niedrig. Nur der

Strombedarf, der unterhalb der orangefarbenen Linie der PV-Stromerzeugung liegt, kann theoretisch mit dem erzeugten PV-Strom gedeckt werden.

Aufgrund des Tag-Nacht-Rhythmus der Sonne muss jedoch trotzdem Strom zugekauft werden, auch wenn über den Monat betrachtet genug PV-Strom zur Verfügung steht. Der Strombedarf, der durch die Balkenabschnitte oberhalb der orangefarbenen Linie dargestellt wird, muss vollständig aus dem Netz bezogen werden. Dies betrifft in den Wintermonaten fast den gesamten Heizstrom.[54]

Die Integration von Wetterprognosen in die Steuerung der Wärmepumpe kann dazu beitragen, das Zusammenspiel mit der PV-Anlage zu optimieren und somit eine höhere Effizienz zu erzielen. Vorhersagen über anstehende Kälteperioden ermöglichen es, dass die Wärmepumpe im Voraus mehr Energie aus der Umwelt aufnehmen kann, um die Innenräume zu beheizen. Zusätzlich kann auch die Integration von Pufferspeichern in dem System dazu beitragen, die Effizienz weiter zu erhöhen. So kann beispielsweise von der Regelung bei guten Wetterbedingungen die Temperatur des Pufferspeichers erhöht werden, um mehr Energie aus der PV-Anlage zu nutzen, um weniger ins Stromnetz einzuspeisen. Dadurch lässt sich der

[54] Vgl. https://www.verbraucherzentrale-rlp.de/sites/default/files/2022-03/220221_faktencheck_wp_pv_inhalt_final_e.pdf

Eigenverbrauch der Anlage erhöhen, sodass über das Jahr gesehen, weniger Strom dazu gekauft werden muss.

Informationen über die Belegung des Hauses, die Anwesenheit der Bewohner und die Nutzung von Geräten können gesammelt und verarbeitet werden, um eine optimierte Nutzung der Wärmepumpe zu ermöglichen. Die Kombination von erneuerbaren Energien und Smart-Home-Technologie bietet somit eine effektive Möglichkeit, den Energieverbrauch zu reduzieren.

Weiterhin gibt es die Möglichkeit bei der Kombination von Photovoltaikanlagen mit Stromspeichern und Smart Grid-Technologien eine effiziente und nachhaltige Nutzung erneuerbarer Energien zu erreichen. Durch die Vernetzung mit anderen Energieerzeugern und -verbrauchern im Netz kann der produzierte Solarstrom nicht nur im Haushalt genutzt, sondern auch ins Netz eingespeist und gespeichert werden. Smarte Steuerungstechnologien sorgen dabei für eine optimale Ausnutzung des zur Verfügung stehenden Stroms. Im Haushalt können verschiedene Geräte so programmiert werden, dass sie während der Sonnenstunden laufen und den direkt produzierten Solarstrom nutzen. Dadurch wird der Eigenverbrauch der Photovoltaikanlage erhöht und der Bedarf an Strom aus dem Netz reduziert. Auch Smart-Home-Technologien und Energiemonitoring-Systeme können dazu beitragen, den

Stromverbrauch im Haushalt zu optimieren und die Einsparungen zu maximieren.[55]

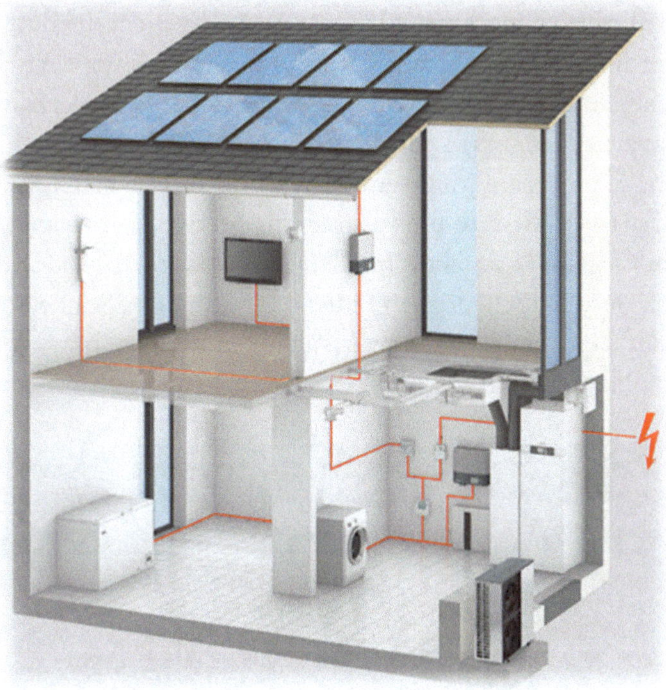

Abbildung 17: Zusammenspiel von PV-Anlage, Wechselrichter, Stromspeicher, Wärmepumpe und Hausgeräten

Gefunden auf: https://www.shk-profi.de/artikel/shk_Power-to-Heat_in_der_Brauchwassererwaermung-3308433.html - Originalquelle: Viessmann

---

[55] Vgl. https://www.energie-experten.org/erneuerbare-energien/photovoltaik/eigenverbrauch/photovoltaik-waermepumpe

Solarparks sind Anlagen zur Erzeugung von Strom aus Sonnenenergie, die auf größeren Flächen wie Brachflächen, Feldern oder Freiflächenanlagen errichtet werden. Sie bestehen aus einer Vielzahl von Solarzellen, die durch die Sonnenstrahlen angeregt werden und dadurch elektrischen Strom produzieren. Die Größe der Solarparks kann dabei sehr unterschiedlich sein, von wenigen Kilowatt bis hin zu mehreren Megawatt. Eine der größten Vorteile von Solarparks ist ihre umweltfreundliche Energieerzeugung. Im Gegensatz zu herkömmlichen Kraftwerken produzieren sie keine schädlichen Emissionen wie CO_2, Stickoxide oder Feinstaub und tragen somit zur Reduzierung von Treibhausgasemissionen bei.

Abbildung 18: Solarpark

Quelle: https://www.pexels.com/de-de/foto/blauer-himmel-umwelt-solarplatten-solarenergie-6876536/ - Quang Nguyen Vinh

Außerdem benötigen sie keine zusätzlichen Ressourcen wie Kohle, Gas oder Öl und sind somit unabhängiger von Schwankungen der Energiepreise. Sie sind damit eine nachhaltige und zukunftsfähige Form der Energieerzeugung. Ein weiterer Vorteil von Solarparks ist ihre Flexibilität in Bezug auf die Standortwahl. Sie können auf vielen verschiedenen Flächen errichtet werden, die für andere Zwecke nicht geeignet sind, wie beispielsweise ehemalige Deponien oder Braunkohletagebaue. Zudem können sie auf Dächern von Gebäuden installiert werden und somit Platz sparen. Ein Solarpark ist jedoch auch mit einigen Herausforderungen verbunden. Zum einen benötigen sie eine hohe Anfangsinvestition für den Bau und die Installation. Zum anderen hängt die Leistung der Solarzellen stark von der Sonneneinstrahlung ab, wodurch ihre Energieproduktion schwankt. Dies bedeutet, dass die Leistung der Solarparks aufgrund von Wetterbedingungen und Jahreszeiten variiert und somit nicht immer vorhersehbar ist.

Um diese Herausforderungen zu meistern, werden Solarparks teilweise in der Regel in Kombination mit Energiespeichern betrieben, die überschüssige Energie speichern und bei Bedarf abgeben können. Dies erhöht die Effizienz und Stabilität der Energieerzeugung und macht Solarparks zuverlässiger in ihrer Stromversorgung. Ein Beispiel für einen Solarpark mit Energiespeicher ist der kombinierte Solar- und Speicherpark von Tesla und Southern California Edison (SCE) in Kalifornien, USA. Der Solarpark soll 20 Megawatt liefern. Der Energiespeicher des Solarparks besteht aus mehreren Powerpacks von Tesla, die eine Gesamtkapazität von 80 Megawattstunden besitzen. Tesla erklärt in seinem Blog, dass der Energiespeicher des Solarparks ausreicht, um 2.500 Haushalte für einen ganzen Tag mit Strom zu versorgen oder um 1.000 Tesla-Fahrzeugbatterien aufzuladen.[56] Insgesamt bieten Solarparks eine nachhaltige und umweltfreundliche Möglichkeit, Energie zu erzeugen und zu nutzen.

Die Photovoltaik-Branche hat in den vergangenen Jahren ein starkes Wachstum verzeichnet, was vor allem auf die sinkenden Produktionskosten von Solarzellen und die steigende Nachfrage zurückzuführen ist. Trotz dieser Fortschritte gibt es jedoch nach wie vor Herausforderungen, die bewältigt werden müssen. Dazu zählen die Abhängigkeit von den Wetterbedingungen bei der Stromerzeugung und die Notwendigkeit von effizienten Speicherlösungen. Eine weitere wichtige Aufgabe wird darin bestehen, die Netzintegration von Photovoltaikanlagen zu verbessern, um eine zuverlässige und effektive Nutzung von erneuerbarem Strom zu ermöglichen.

---

[56] Vgl. https://energyload.eu/energiewende/international/tesla-stromnetz-kalifornien-stabilisieren/

14

SOLARTHERMIE

Solarthermie ist eine Technologie, die Sonnenenergie in Wärmeenergie umwandelt. Es gibt verschiedene Arten von Solarthermie-Systemen, die für unterschiedliche Anwendungen eingesetzt werden können.

Die technische Funktion eines Solarthermie-Systems besteht im Wesentlichen darin, die eingestrahlte Sonnenenergie aufzufangen und in Wärmeenergie umzuwandeln. Dazu wird die Sonnenenergie von den Solarkollektoren aufgefangen und an eine Flüssigkeit z. B. einer Solarflüssigkeit (Gemisch aus Wasser und Glykol gegen Frost) oder ein gasförmiges Medium übertragen, das durch den Kollektor fließt. Dieses Medium transportiert die Wärmeenergie zu einem Wärmespeicher, in dem die Wärmeenergie gespeichert wird. Außerdem gibt es diverse Kraftwerkssysteme, auf die in diesem Kapitel eingegangen werden sollen.

Einer der häufigsten Typen von Solarthermie-Systemen ist das sogenannte **Flachkollektor-System**. Diese Systeme bestehen aus flachen, absorbierenden Kollektoren, die auf dem Dach oder im Garten installiert werden. Sie werden hauptsächlich zur Erwärmung von Wasser für den Hausgebrauch oder zur Unterstützung der Heizung verwendet.

Abbildung 19: Flachkollektor-System mit Solarspeicher für die Warmwasserbereitung

Gefunden auf https://www.verbraucherzentrale.de/wissen/energie/erneuerbare-energien/solarthermie-solarenergie-fuer-heizung-und-warmwasser-nutzen-5568 - Originalquelle: Wagner Solar GmbH

Auf Abbildung 19 ist ein Flachkollektor-System mit einem Solarspeicher dargestellt. In diesem Fall handelt es sich um einen Warmwasserspeicher. Im unteren Bereich des Speichers befindet sich ein Wärmetauscher, der die von den Kollektoren aufgenommene Wärme der Flachkollektoren überträgt. In Zeiten mit wenig Sonneneinstrahlung kann oftmals der Warmwasserbedarf nicht über die Solaranlage alleine gedeckt werden, sodass im oberen Bereich des Speichers ein weiterer Wärmetauscher eingebracht wurde, um über einen zweiten Wärmeerzeuger die fehlende Wärme nach zu heizen. Dabei kommen zurzeit diverse Wärmeerzeuger wie Öl-, Gas- oder Biomasseheizungen zum Einsatz, die die fehlende Wärme zur Verfügung stellen. Auch Wärmepumpen können bei der Wärmeerzeugung unterstützen. Über die Installation eines sogenannten Pufferspeichers lässt sich die Solarthermie sogar auch für die Beheizung von Räumen nutzen. Dazu sind natürlich mehr Kollektorflächen nötig.

Ein weiterer Typ ist das **Vakuum-Röhrenkollektor-System** (Abbildung 20). Diese Systeme bestehen aus einer Vielzahl von Glas ummantelten Röhren, die ein Vakuum enthalten. Sie sind sehr effizient bei der Aufnahme von Sonnenenergie, insbesondere bei schlechtem Wetter oder niedrigen Temperaturen. „Sie werden sowohl für Solarheizungen auf

Privathäusern als auch zur Erzeugung von Prozesswärme in der Industrie eingesetzt.“[57]

Abbildung 20: Vakuum-Röhrenkollektorsystem

Quelle: Eberhard Rudert - stock.adobe.com

Solarthermische Anlagen sind in sonnenreichen Gebieten ein Muss und werden nicht nur für die Wärmegewinnung, sondern auch für die Stromerzeugung eingesetzt. Dabei

---

57 https://www.solaranlage.eu/solarthermie/solarkollektoren/vakuum-roehrenkollektoren

kommen folgende Solarkraftwerke zum Einsatz, die mit Wärme Strom produzieren.

Parabolrinnenkraftwerke sind eine Art von Solarthermie Kraftwerken bei denen Licht von einer Reihe von Spiegeln, auch Parabolspiegel genannt, auf ein mit einem Wärmeträger gefülltes Rohr konzentriert wird. Diese Spiegel besitzen eine parabolische Form, die das einfallende Sonnenlicht auf das Rohr konzentriert.

Abbildung 21: Parabolrinnenkraftwerk

Quelle: Jose Maria Benitez - stock.adobe.com

Das Rohr ist mit Öl gefüllt und wird anschließend von einer Pumpe durch einen Wärmetauscher gepumpt, in welchem es Wärme auf eine Flüssigkeit, in der Regel Wasser, abgibt. Das Wasser verdampft und wird verwendet, um eine Turbine anzutreiben. Die Turbine ist mit einem Generator gekoppelt, der Strom erzeugt. Ein Vorteil von Parabolrinnenkraftwerken ist, dass das Öl ein guter Wärmeträger ist, der eine hohe Temperatur beibehalten kann, während es zu einem Wärmetauscher transportiert wird. Parabol-rinnenkraftwerke können eine effiziente Möglichkeit sein, um Strom aus Sonnenenergie zu erzeugen. Sie werden jedoch in der Regel für große Kraftwerke verwendet, da die Kosten für die Spiegel und den Empfänger relativ hoch sind. Außerdem ist es schwierig, die Spiegel genau auszurichten, um den Solarertrag effizient zu nutzen. [58]

Ein **Solarturmkraftwerk** ist ebenfalls eine Art von Solarthermie Kraftwerk, bei dem die Sonnenenergie mittels einer Reihe von Spiegeln auf einen Absorber am oberen Ende eines Towers konzentriert wird. Die Spiegel sind in einer Ebene angeordnet und verwenden ein "Trackingsystem", um sich der Sonne zu orientieren und das Sonnenlicht auf den Absorber zu richten. Der Absorber ist in der Regel ein Wärmetauscher, der mit einem Wärmeträger gefüllt ist, meist Wasser oder einer Wärmeträgerflüssigkeit wie z. B. geschmolzenes Salz. Dieser sammelt die von den Spiegeln konzentrierte Wärmeenergie und gibt sie an die Wärmeträgerflüssigkeit ab, die wiederum durch einen Wärmetauscher fließt und dabei Wärme an einen Dampfkreislauf überträgt. Der Dampfkreislauf wird verwendet, um eine Turbine anzutreiben, die mit einem Generator

---

[58] Vgl. https://www.heizung.de/ratgeber/diverses/parabolrinnenkraftwerk-erzeugt-solarstrom.html

gekoppelt ist und so Strom erzeugt.[59] Der Vorteil der Nutzung von Salz ist, dass dieses bis ca. 600 °C erhitzt wird, flüssig bleibt, also nicht verdampft, und sogar in isolierten Salztanks gespeichert werden kann.

Abbildung 22: Solarturmkraftwerk

Quelle: liliportfolio/stock.adobe.com

Dieses Konzept wurde 2014 erstmals am Rande der Atacama-Wüste im Norden Chiles umgesetzt.[60] Dort wurde ein Solarturmkraftwerk mit Salzspeichern errichtet. Mit diesem Konzept lässt sich auch nachts, wie in

---

59 Vgl. https://www.heizung.de/ratgeber/diverses/solarturmkraftwerke-fuer-die-stromerzeugung.html

60 Vgl. https://www.wiwo.de/technologie/green/atacama-wueste-solarkraftwerk-soll-rund-um-die-uhr-strom-liefern/13548264.html

einem üblichen Kohlekraftwerk, über mehrere Stunden konstanten Strom erzeugen.[61] Einer der Vorteile von Solarturmkraftwerken ist ihre hohe Effizienz bei der Nutzung von Sonnenenergie. Da sich alle Spiegel auf einem bestimmten Punkt konzentrieren, ist die Wärmeenergie, die auf den Absorber übertragen wird, sehr hoch, was zu einer höheren Effizienz bei der Stromerzeugung führt. Darüber hinaus benötigen Solarturmkraftwerke weniger Fläche als Parabolrinnenkraftwerke, da sie eine höhere Konzentration der Wärmeenergie ermöglichen. Jedoch sind Solarturmkraftwerke auch kostenintensiv und komplex zu bauen, insbesondere wegen des erforderlichen Trackingsystems und des hohen Towers. Darüber hinaus können sie auch ein Problem für Wildtiere sein, da sie durch das sich drehende Licht von den Spiegeln abgelenkt werden können.

Paraboloid-Kraftwerke sind eine Art von Solarthermiekraftwerk, die eine andere Methode zur Konzentration von Sonnenenergie verwenden als Solarturmkraftwerke. Sie nutzen Parabolspiegel anstelle von Flachspiegeln, um das Sonnenlicht auf einen Empfänger am Brennpunkt der Parabole zu konzentrieren. „In diesem wird ein Arbeitsgas (Helium, Luft) zum Antrieb eines Stirlingmotors oder einer Gasturbine – die unmittelbar neben dem Absorber angeordnet sind – auf bis zu 900°C erhitzt. Der Stirling-

---

[61] Vgl. https://www.wiwo.de/technologie/green/atacama-wueste-solarkraftwerk-soll-rund-um-die-uhr-strom-liefern/13548264.html

Motor wird durch die Temperaturdifferenz zwischen einem warmen Teil und einem kalten Teil des Motors angetrieben.

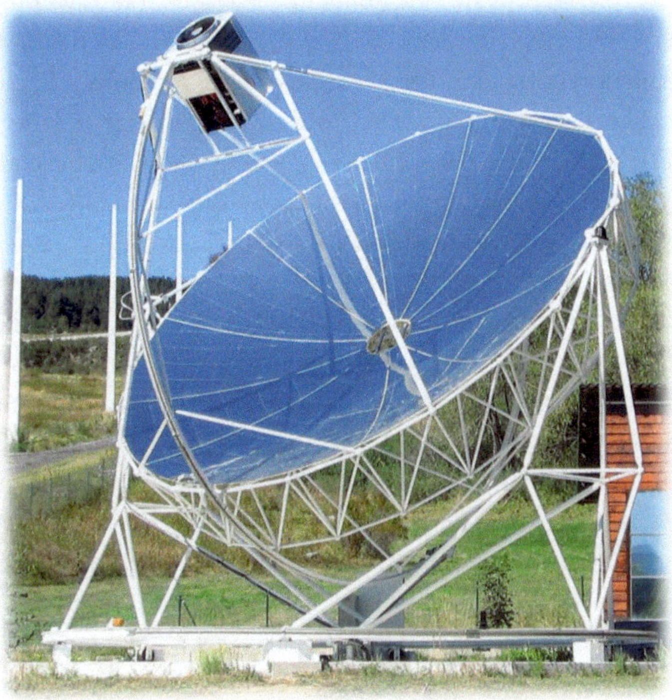

Abbildung 23: Stirling-Solargenerator

Quelle: https://de.wikipedia.org/wiki/Solar-Stirling#/media/Datei:Dish-stirling-at-odeillo.jpg – Björn Appel

Der warme Teil des Motors wird durch den Empfänger des Solargenerators, der Sonnenenergie aufnimmt, erhitzt. Die Wärmeenergie wird dann an eine Wärmeträgerflüssigkeit abgegeben, die durch den Stirling-Motor fließt und den kalten Teil erhitzt. Diese Temperaturdifferenz verursacht eine Bewegung des Kolbens im Stirling-Motor, die über eine Kurbelwelle einen Generator antreibt und so Strom erzeugt. Einer der Vorteile von Stirling-Solargeneratoren ist, dass sie eine höhere Effizienz als Photovoltaik-Systeme haben können, da sie einen größeren Teil der Sonnenenergie nutzen, die sie aufnehmen. Paraboloid Kraftwerke haben ihre technische Reife in mehreren Jahren Testbetrieb bewiesen und mit bis zu 30 % die besten solarelektrischen Wirkungsgrade erreicht, die überhaupt nachgewiesen wurden. In einem nächsten Schritt gilt es, zu einer Serienfertigung zu gelangen und dadurch das Kostensenkungspotenzial dieser Technologie zu erschließen."[62] Ein weiterer Vorteil von Paraboloid-Kraftwerken ist ihre relativ einfache Konstruktion und ihr geringerer Platzbedarf im Vergleich zu Solarturmkraftwerken. Sie können auch eine höhere Effizienz bei der Nutzung von Sonnenenergie erzielen, da sie das Licht auf einen bestimmten Punkt konzentrieren. Jedoch gibt es auch Nachteile. Paraboloid-Kraftwerke können empfindlich auf Schatten reagieren und benötigen daher oft ein Überwachungssystem, um sicherzustellen, dass das Sonnenlicht ständig korrekt auf den Empfänger gerichtet ist.[63]

---

62 https://wissenwiki.de/index.php?title=Solarthermisches_Kraftwerk&mobileaction=toggle_view_desktop

63 https://wissenwiki.de/Solarthermisches_Kraftwerk

Solarthermische Systeme werden in vielen Teilen der Welt eingesetzt, insbesondere in sonnenreichen Gebieten. Sie sind besonders nützlich in Regionen mit hohen Strompreisen oder in ländlichen Gebieten, in denen kein Stromanschluss vorhanden ist.

Die Vorteile von Solarthermie-Systemen sind:

- Sie sind umweltfreundlich, da sie Sonne nutzen
- Sie können die Energiekosten senken
- Sie sind zuverlässig und erfordern wenig Wartung

Nachteile:

- Sie erfordern eine hohe Anfangsinvestition
- Sie sind abhängig von Wetterbedingungen und leistungsmäßig begrenzt
- Sie benötigen ausreichend Platz für die Installation
- Sie können nicht den gesamten Energiebedarf decken

Solarthermische Systeme sind eine nachhaltige und kosteneffiziente Möglichkeit, um Wärmeenergie zu erzeugen. Sie können sowohl in privaten als auch in gewerblichen und industriellen Anwendungen eingesetzt werden. Ein weiterer Vorteil von Solarthermie-Systemen ist, dass sie in Kombination mit anderen erneuerbaren Energiesystemen verwendet werden können, um eine höhere Energieeffizienz und Unabhängigkeit von fossilen Brennstoffen zu erreichen.

Solarthermische Systeme können auch verwendet werden, um Prozesse in der Industrie zu unterstützen, wie z.B. die Trocknung von landwirtschaftlichen Produkten oder die Erwärmung von Prozesswasser in Kraftwerken. Es gibt auch mobile Solarthermie-Systeme, die für den Einsatz in entlegenen Gebieten oder bei Katastrophen eingesetzt werden können, um dringend benötigte Wärmeenergie bereitzustellen.

Insgesamt bietet Solarthermie eine Vielzahl von Vorteilen und Anwendungen und hat das Potenzial, eine wichtige Rolle in der Energieversorgung der Zukunft zu spielen.

15

WASSERKRAFT

Wasserkraft ist eine Form der erneuerbaren Energie, die durch die Nutzung der Energie des Wassers, das durch Schwerkraft von höher gelegenen Gebieten in tiefere Gebiete fließt, erzeugt wird. Es ist eine der ältesten und am weitesten verbreiteten Formen der erneuerbaren Energie und hat in den letzten Jahren ein starkes Wachstum verzeichnet. Eine Analyse der US Energy Information Administration (EIA) für das Jahr 2015 ergab, dass neun der zehn größten Kraftwerke weltweit Wasserkraftwerke sind. Mit einer elektrischen Leistung von 22,5 Gigawatt (22.500.000,00 Kilowatt) belegt der Drei-Schluchten-Damm in China den ersten Platz im Ranking der größten Kraftwerke der Welt. Unter den Top 10 der größten Kraftwerke der Welt liegt auf Platz 9 das japanische Atomkraftwerk Kashiwazaki-Kariwa, das als einziges Kraftwerk in den Top 10 nicht auf Wasserenergie setzt. Allerdings ist die 8,2 Gigawatt-Anlage seit dem Atomunfall in Fukushima außer Betrieb.[64]

Es gibt verschiedene Arten von Wasserkraftanlagen, die je nach Art des verfügbaren Wassers und des verfügbaren Geländes unterschiedlich sind. Die am häufigsten verwendeten Arten von Wasserkraftanlagen sind Laufwasserkraftwerke und Stauwasserkraftwerke.

Abbildung 24: Laufwasserkraftwerk

Quelle: Eberhard/stock.adobe.com

Laufwasserkraftwerke nutzen die Energie des fließenden Wassers, um eine Turbine anzutreiben, die dann einen

---

[64] Vgl. https://www.contextcrew.de/zehn-groesste-kraftwerke-der-welt-neun-mal-wasserkraft-und-ein-atomkraftwerk/2/

Generator antreibt, der elektrische Energie erzeugt. Diese Art von Kraftwerk eignet sich am besten für Flüsse und Bäche mit kontinuierlichem Wasserfluss. Es gibt verschiedene Arten von Laufwasserkraftwerken, wie zum Beispiel Rundlauf- und Pelton-Turbinen, die jeweils ihre eigenen Vorteile und Anwendungen haben.

Stauwasserkraftwerke nutzen die Energie des stehenden Wassers, das durch den Bau von Talsperren aufgestaut wird. Das Wasser wird durch einen Damm in ein höher gelegenes Reservoir und durch eine Turbine auf eine niedrige gelegene Ebene geleitet. Diese Art von Kraftwerk eignet sich am besten für Flüsse mit unregelmäßigem Wasserfluss oder für Gebiete, in denen der Bau von Talsperren möglich ist.

Ein weiterer Typ von Wasserkraftanlagen sind die **Pumpspeicherkraftwerke**. Sie bestehen aus zwei Wasserbecken auf unterschiedlichen Höhen. Während der Zeiten mit geringer Stromnachfrage wird Wasser von einem unteren Becken in ein höheres Becken gepumpt. Während der Zeiten mit hoher Stromnachfrage wird das Wasser aus dem höheren Becken durch eine Turbine geleitet, welche einen Generator antreibt und so Strom erzeugt. Die Pumpen und Turbinen in Pumpspeicherkraftwerken können entweder von elektrischem Strom oder von anderen Energiequellen wie Gas- oder Dampfturbinen angetrieben werden. Pumpspeicherkraftwerke sind sehr flexibel und können innerhalb von Minuten auf Änderungen der Stromnachfrage reagieren, was sie zu einer wichtigen Komponente in einem intelligenten Stromnetz macht. [65]

Abbildung 25: Pumpspeicherkraftwerk

Quelle: https://www.ingenieur.de/technik/fachbereiche/energie/alte-bergwerke-zu-pumpspeicherkraftwerken/ - Matthias Bein/dpa

Wellenkraftwerke nutzen die Energie der Wellen im Meer oder im Ozean. Es gibt verschiedene Arten von Wellenkraftwerken, die auf unterschiedliche Weise die Energie der Wellen nutzen. Einige nutzen die Bewegung des Wassers auf und ab, um eine Turbine anzutreiben, andere nutzen die Auf- und Abbewegung des Wassers, um Druckluft zu erzeugen, um damit wiederrum eine Turbine zu

65 Vgl. https://studyflix.de/erdkunde/wasserkraftwerk-3698

betreiben. In Schottland wird zurzeit ein Wellenkraftwerk mit 1 Megawatt Leistung erprobt.[66]

Abbildung 26: Wellenkraftwerk

Quelle: https://oceanenergy.ie/oe12/ - OceanEnergy

Gezeitenkraftwerke nutzen die Energie der Gezeiten, die durch den Einfluss von Mond und Sonne entstehen, um Strom zu erzeugen. „Viele Gezeitenkraftwerke werden mit einem Damm realisiert. Der Gezeitendamm besteht aus einer Mauer, die bei Flut Wasser sammelt. Bei Ebbe werden die Schleusen geöffnet und das fallende Wasser treibt die hydraulischen Turbinen an. Auf diese Weise kann sowohl bei steigendem als auch bei sinkendem Wasserspiegel Strom erzeugt werden.

---

66 Vgl. https://www.forschung-und-wissen.de/nachrichten/technik/groesster-wellengenerator-der-welt-entsteht-in-schottland-13376776

Bei In-flow-Gezeitenkraftwerken (Abbildung 27) gibt es keinen Damm. Die Turbinen stehen frei in der Strömung und ähneln damit einem Unterwasser-Windrad.

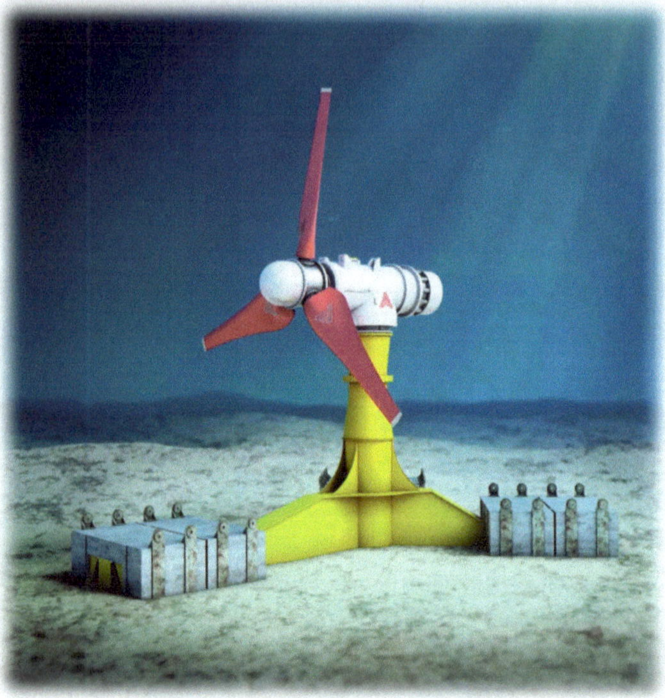

Abbildung 27: Gezeitenkraftwerk

Gefunden auf: https://www.fluid.de/faszination-fluid/strom-aus-dem-meer-groesstes-gezeitenwerk-der-welt-im-einsatz-126.html - Originalquelle: Atlantis Resources Limited

Bei dieser Bauart übertragen die Meeresströmungen ihre Bewegungsenergie direkt an installierte Turbinen mit angeschlossenem Generator. Dadurch kann kontinuierlich Strom erzeugt werden. Der Vorteil dieser Art ist, dass

Meerestiere und Pflanzen weniger belastet werden, da kein Wasser gestaut wird."[67] Zurzeit sind gerade einmal sechs Gezeitenkraftwerke weltweit in Betrieb. Es gibt zwar weitere geeignete Orte, jedoch sind sie rar und die Investitionssummen immens.[68]

Im Durchschnitt liegt der Wirkungsgrad von Wasserkraftwerken bei etwa 90 %.[69] Es gibt jedoch moderne Kraftwerke, die einen Wirkungsgrad von bis zu 98 % erreichen können.[70] Diese hohen Wirkungsgrade werden durch den Einsatz von fortgeschrittenen Technologien und der Optimierung des Kraftwerksdesigns erreicht.

Wasserkraft hat viele Vorteile als erneuerbare Energiequelle. Es ist zuverlässig, sauber und erzeugt keine schädlichen Emissionen. Es ist auch eine flexible Energiequelle, die schnell auf Veränderungen in der Nachfrage reagieren kann. Ein weiterer Vorteil von Wasserkraft ist ihre hohe Energieeffizienz. Im Vergleich zu anderen erneuerbaren

---

67 https://t3n.de/news/gezeitenkraftwerke-erklaert-funktionen-1524886/

68 Vgl. https://www.en-former.com/gezeitenkraftwerke-schottland-nutzt-strom-aus-dem-meer/

69 Vgl. https://www.verbund.com/de-at/privatkunden/themenwelten/strom-aus-wasserkraft/wasserkraft-vorteile

70 Vgl. https://blog.energiedienst.de/wasserkraftwerk-rheinfelden-bilder/

Energiequellen wie Wind- und Solarenergie, die von Wetterbedingungen beeinflusst werden, ist Wasserkraft unabhängiger von äußeren Faktoren und kann daher eine größere Menge an elektrischer Energie pro Flächeneinheit erzeugen.

Wasserkraft hat jedoch auch einige Nachteile. „Der Bau von Wasserkraftwerken, Staudämmen und Co. kann negative Auswirkungen auf die Natur haben und die Austrocknung von ganzen Landschaften begünstigen. Durch die Veränderung der Flussläufe sind auch Fischarten vom Aussterben bedroht, wenn sie keinen Zugang mehr zu ihren Laichplätzen haben."[71] Weiterhin können Staudammbrüche zu schweren Schäden an Gebäuden, Straßen und Brücken sowie zu Verletzungen oder sogar Todesfällen von Menschen führen. Eine der größten Bedrohungen für Staudämme ist das Hochwasser, aber auch Unterhaltungsfehler, schlechte Konstruktion und Erdbeben können zu einem Bruch führen. Es ist wichtig, dass Staudämme regelmäßig überwacht und gewartet werden, um potenzielle Probleme zu erkennen und zu beheben, bevor sie zu einem Bruch führen können. Ein weiteres Problem ist die begrenzte Verfügbarkeit von geeigneten Standorten für den Bau von Wasserkraftwerken. In vielen Gebieten sind die natürlichen Ressourcen, wie zum Beispiel Flüsse und

---

71 Vgl. https://www.wemag.com/oekostrom/wasserenergie

Täler, bereits stark beansprucht, was die Möglichkeiten für den Bau von neuen Wasserkraftwerken einschränkt.

Trotz dieser Herausforderungen ist Wasserkraft eine wichtige und zuverlässige Energiequelle, die weiterhin eine wichtige Rolle in der Energieversorgung spielen wird. In den letzten Jahren hat es eine Reihe von innovativen Technologien und Ansätze gegeben, die die Auswirkungen von Wasserkraftwerken auf die Umwelt minimieren und die Zusammenarbeit mit lokalen Gemeinden und indigenen Völkern fördern. Es wird erwartet, dass in Zukunft die Nachfrage nach Wasserkraft weiter steigen wird, insbesondere in Entwicklungsländern, die schnell wachsende Bevölkerungen und wachsende Energiebedürfnisse haben. Regierungen und Unternehmen werden weiterhin in Wasserkraft investieren und die Technologieentwicklung vorantreiben, um die Effizienz und die Umweltverträglichkeit von Wasserkraftwerken zu verbessern.

16

GEOTHERMIE

Geothermie bezeichnet die in der Erdkruste gespeicherte Wärmeenergie und die ingenieurtechnische Nutzung. Geothermie kann zum Heizen, Kühlen und zur Stromerzeugung eingesetzt werden. In Deutschland steigt die Temperatur in der Erdkruste durchschnittlich um 3 Kelvin pro 100 Meter an. Dementsprechend erschließen oberflächennahe und tiefe Geothermie Bereiche unterschiedliche Temperaturniveaus."[72]

Die Erde besitzt einen Durchmesser von ca. 12.700 km und ist in mehrere Schichten unterteilt, die sich von der Oberfläche bis zum Kern erstrecken. Diese Schichten haben unterschiedliche Eigenschaften und Temperaturen, die für die Nutzung der Geothermie von Bedeutung sind.

---

[72] https://www.umweltbundesamt.de/themen/klima-energie/erneuerbare-energien/geothermie#oberflachennahe-geothermie

„Die Erdkruste ist die oberste Schicht der Erde und besteht aus Gesteinen wie Granit und Basalt, von der es zwei unterschiedliche Bautypen gibt: die kontinentale Kruste, die 30 - 80 Kilometer mächtig ist und die ozeanische Kruste, die 5 - 8 Kilometer dick ist. Die Temperatur an der unteren Grenze der Erdkruste kann schon bis auf 1.100 °C ansteigen."[73]

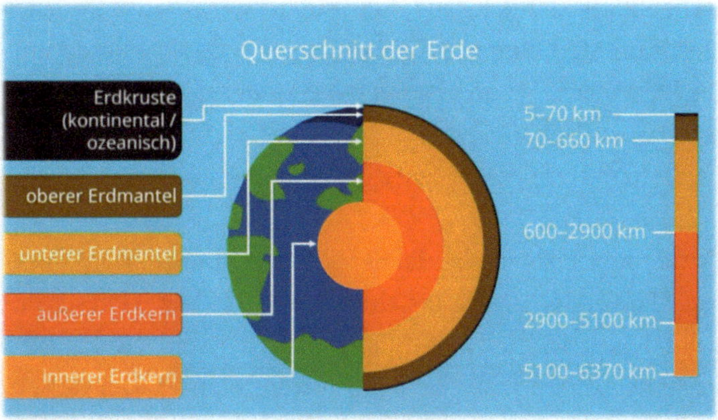

Abbildung 28: Aufbau der Erde

Quelle: https://studyflix.de/erdkunde/aufbau-der-erde-3335 - Studyfix GmbH

Der obere Mantel ist die Schicht direkt unter der Erdkruste und reicht bis ca. 700 km in die Tiefe. Er besteht hauptsächlich aus Gesteinen wie Olivin und Pyroxen und hat eine höhere Dichte als die Erdkruste. Der obere Mantel

---

73 https://jenaplan-eimar.de/getmedia.php/_media/202003/1550v0-orig.pdf

ist auch die Schicht, in der die meisten vulkanischen Aktivitäten stattfinden. „Hier schmelzen bei Temperaturen um 1.200 - 1.500 °C [...] die Gesteine teilweise auf (etwa 1 - 2 % Schmelze) und bilden eine plastische Fließzone.[74]

Der untere Mantel ist die Schicht direkt unter dem oberen Mantel und reicht bis etwa 2.900 km in die Tiefe. Er besteht hauptsächlich aus Gesteinen wie Perowskit und Dunit und hat eine noch höhere Dichte als der obere Mantel. Der untere Mantel ist auch die Schicht, in der die meisten tektonischen Plattenbewegungen stattfinden. Hier herrschen Temperaturen zwischen 1.900 und 3.700 °C.

Der äußere Erdkern ist die Schicht direkt unter dem unteren Mantel und reicht bis 5.100 km in die Tiefe. Dieser besteht hauptsächlich aus flüssigem Eisen und Nickel und hat eine höhere Dichte als der untere Mantel. Der äußere Erdkern ist auch die Schicht, in der die meisten Magnetfelder der Erde entstehen. Hier herrschen Temperaturen zwischen 3.000 und 5.000 °C.

Der innere Erdkern ist die Schicht direkt unter dem äußeren Erdkern. Von der Erdoberfläche bis zum Mittelpunkt des Kerns sind es ca. 6.350 km Tiefe. Er besteht hauptsächlich aus festem Eisen und Nickel und hat die höchste

---

74 https://jenaplan-eimar.de/getmedia.php/_media/202003/1550v0-orig.pdf

Dichte aller Schichten der Erde. Der innere Erdkern ist auch die Schicht, die am meisten von der Erde entfernt ist und die am schwersten zugänglich ist. Sie besitzt Temperaturen von ca. 5.000 °C.[75]

Die Nutzung der Geothermie erfolgt in erster Linie in der oberen Kruste, wo Wärmeenergie aus dem Boden gewonnen werden kann. Die tieferen Schichten haben zwar höhere Temperaturen, sind aber aufgrund der großen Tiefe und der hohen Kosten für den Zugang und die Nutzung in der Praxis nicht nutzbar. Es gibt verschiedene Arten von Geothermie-Systemen, die für unterschiedliche Anwendungen und Umgebungen geeignet sind.

Einer der häufigsten Typen von Geothermie-Systemen ist die „Oberflächennahe Geothermie". Diese Art von Geothermie nutzt Wärme aus den oberflächennahen Schichten der Erde, die durch Wärmetauscher abgeleitet wird. Diese Art eignet sich besonders für den Einsatz in Gebäuden und kleinen industriellen Anwendungen.

Ein weiterer Typ ist die Tiefengeothermie. Diese Art von Geothermie nutzt Wärme aus tieferen Schichten der Erde, die durch Bohrungen abgeleitet wird. Diese eignet sich

---

[75] Vgl. https://www.eskp.de/grundlagen/naturgefahren/der-aufbau-der-erde-935120/

besonders für den Einsatz in größeren industriellen Anwendungen und zur Stromerzeugung.

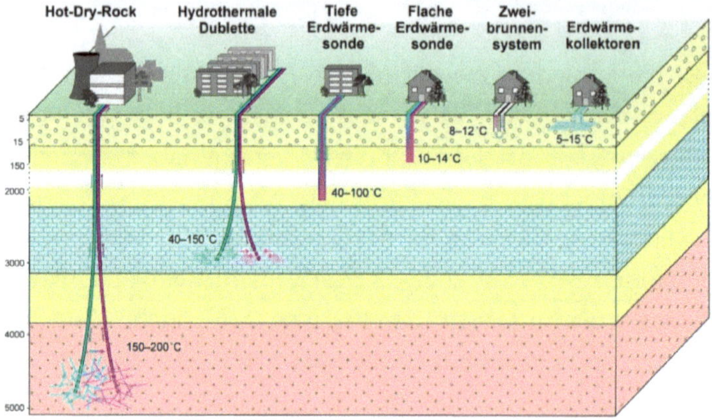

Abbildung 29: Die Nutzung von Erdwärme im Vergleich: links drei „tiefe", rechts drei „oberflächennahe" Nutzungsarten

Quelle: https://www.lkr-lif.de/media/www.lkr-lif.de/org/med_216/2067_erdwaerme_-_energiequelle_aus_der_tiefe.pdf - Bayerisches Landesamt für Umwelt

Die „Hydrothermale Geothermie" nutzt Wärme aus heißem Wasser oder Dampf, die durch natürliche Quellen oder unterirdische Reservoirs abgeleitet wird. Diese eignet sich besonders für den Einsatz in größeren industriellen Anwendungen und zur Stromerzeugung.[76]

---

[76] Vgl. http://www.seismo.ethz.ch/de/knowledge/things-to-know/geothermal-energy-earthquakes/forms-of-geothermal-energy/

Eine weitere Möglichkeit um Geothermie zu nutzen sind Wärmepumpen (Kapitel 23). Diese entziehen dem Untergrund Wärme, die entweder aus dem Boden oder aus Wasser gewonnen wird. Diese wird dann verwendet, um ein Kältemittel zu erhitzen, um ein Gebäude zu heizen. Wasser-Wasser-Wärmepumpen und Sole-Wasser-Wärmepumpen sind sehr effizient und umweltfreundlich, da sie nicht auf fossilen Brennstoffen basieren und keine Abgase produzieren. Sie sind jedoch in ihrer Anwendung auf Gebiete beschränkt, in denen eine ausreichende geothermische Ressource verfügbar ist.

Geothermie wird in vielen Ländern genutzt. Einige der Länder mit den höchsten geothermischen Kapazitäten und Produktionen sind:

1. USA: Die USA ist der größte Produzent von geothermischer Energie weltweit. Sie nutzen hauptsächlich Tiefengeothermie in Kalifornien und Hawaii.

2. Island: Island ist bekannt für seine Nutzung von Geothermie zur Deckung des größten Teils seines Strombedarfs und seiner Wärmeversorgung.

3. Indonesien: Indonesien besitzt eine große geothermische Ressource und ist der drittgrößte Produzent von geothermischer Energie weltweit.

4. Philippinen: Die Philippinen nutzen ihre geothermischen Ressourcen hauptsächlich für die Stromerzeugung.

5. Türkei: Die Türkei hat eine große geothermische Ressource und hat in den letzten Jahren in die Entwicklung von geothermischen Kraftwerken investiert.

6. Neuseeland, Italien und Frankreich besitzen ebenfalls große geothermische Ressourcen und nutzen diese hauptsächlich für die Wärmeversorgung von Gebäuden und zur Erzeugung von Strom.

7. Es gibt auch viele andere Länder die Geothermie nutzen oder in die Nutzung von Geothermie investieren, wie z.B. China, Kenia, Äthiopien, Chile und Mexico.[77]

Geothermie hat eine hohe Effizienz und kann die Energiekosten senken und einen Beitrag zur Reduzierung von CO_2-Emissionen leisten. Ein weiterer Vorteil von Geothermie ist, dass sie unabhängig von Wetterbedingungen und Tageszeiten verfügbar ist und daher eine kontinuierliche und zuverlässige Energiequelle darstellt.

---

[77] Vgl. https://geothermie-schweiz.ch/geothermie/weltweit/

Es gibt jedoch auch einige Nachteile von Geothermie. Einige der häufigsten Probleme sind:

- Hohe Anfangsinvestitionskosten: Der Aufbau von Geothermie-Anlagen erfordert in der Regel hohe Investitionskosten, insbesondere für die Errichtung von Bohrungen und Wärmetauschern.

- Standortabhängigkeit: Die Verfügbarkeit und Wirtschaftlichkeit von Geothermie hängen von den geologischen Bedingungen des Standorts ab. In bestimmten Gebieten kann es schwierig sein, geeignete Wärmequellen zu finden oder zugänglich zu machen.

- Umweltauswirkungen: Der Bau von Geothermieanlagen kann Auswirkungen auf die Umwelt haben, insbesondere durch den Einsatz von Bohrungen und Wärmetauschern.

- Wartungskosten: Geothermie-Anlagen erfordern in der Regel regelmäßige Wartung und Instandhaltung, um eine effiziente und zuverlässige Leistung zu gewährleisten.

Trotz dieser Nachteile hat Geothermie das Potenzial, eine wichtige Rolle in der Energieversorgung der Zukunft zu spielen. Es ist eine saubere und erneuerbare Energiequelle, die unabhängig von Wetterbedingungen und Tageszeiten verfügbar ist. Es ist wichtig weiterhin in die Entwicklung und Optimierung von Geothermie Systemen zu investieren und das Bewusstsein für die Vorteile und Möglichkeiten von Geothermie zu erhöhen.

17

BIOMASSE

Biomasse ist eine Form der erneuerbaren Energien, die aus organischen Materialien gewonnen wird. Es gibt mehrere Arten von Biomasse, die verwendet werden können, um Energie zu erzeugen. „[Diese] umfasst [...] alle Lebewesen, abgestorbene Organismen und organische Stoffwechselprodukte. Pflanzen können über die Photosynthese Biomasse in Form von Kohlenhydraten aufbauen. Die dazu nötige Energie stammt von der Sonne. Diesen Prozess beherrschen ausschließlich Pflanzen. Tiere können ihre Biomasse nur aus anderer Biomasse aufbauen. Deshalb würden alle Tiere ohne Pflanzen auch verhungern.“[78]

Holz ist eine der ältesten Formen der Biomasse und wird seit Jahrtausenden als Brennmaterial genutzt. Heute wird Holz hauptsächlich in Form von Holzpellets oder

[78] (Quaschning, 2021, S. 305)

Holzbriketts verwendet und dient als Brennstoff für Heizungen und Kraftwerke. Es gibt auch sogenannte Holzvergaserheizungen, die Wärme produzieren. Kamine und Kaminöfen werden hauptsächlich für die Erzeugung von Wärme im Gebäude genutzt.

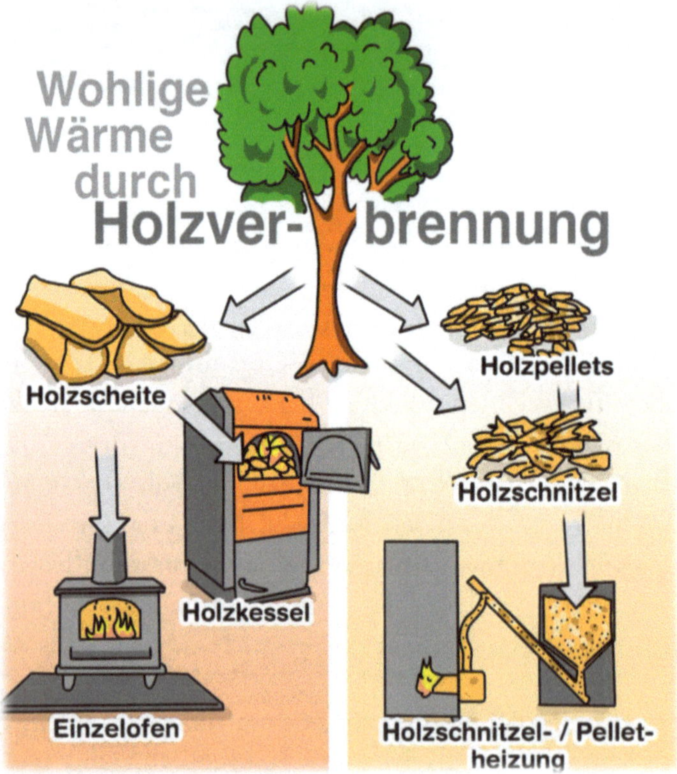

Abbildung 30: Diverse Arten der Holzverbrennung

Quelle: https://www.heizsparer.de/heizung/heizungssysteme/holzheizung/holzheizung-arten - Anondi GmbH

Scheitholzkessel und Holzpelletsheizungen sind weitere Beispiele für die Nutzung von Holz als Brennstoff, die in Privathaushalten und Gewerbebetrieben eingesetzt werden.[79] Ein Kachelofen ist ebenfalls eine Art von Holzofen, der mit Keramik- oder Schamottkacheln verkleidet ist.[80] Sie werden in Wohnräumen verwendet, um Wärme zu erzeugen und das Ambiente zu verbessern. Kachelöfen gibt es in verschiedenen Größen und Designs, von traditionellen bis hin zu modernen und kompakten Ausführungen.

Holz als Brennstoff hat in den letzten Jahren an Bedeutung gewonnen, da es als erneuerbare und CO_2-neutrale Energiequelle betrachtet wird. Allerdings gibt es Nachteile bei der Nutzung von Holz als Brennstoff, insbesondere in Bezug auf die Feinstaubbelastung und der Klimaneutralität.

Feinstaub stellt eine Form von Luftverschmutzung dar, bestehend aus winzigen Partikeln, die tief in die Lungen eindringen und ernsthafte Gesundheitsprobleme verursachen können. Kritiker betonen, dass die Feinstaubemissionen bei der Verbrennung von Holz in Kraftwerken und Heizanlagen höher sind als bei der Verbrennung fossiler Brennstoffe wie Gas und Öl.

---

[79] Vgl. https://www.heizsparer.de/heizung/heizungssysteme/holzheizung/holzheizung-arten

[80] Vgl. https://www.t-online.de/heim-garten/energie/id_62131368/schamottsteine-beim-kachel-und-kaminofen-alle-infos.html

Polyzyklische aromatische Kohlenwasserstoffe (PAK) und Stickoxide (NOx) werden zu etwa einem Fünftel durch Kaminöfen und andere Holzfeuerungsanlagen in

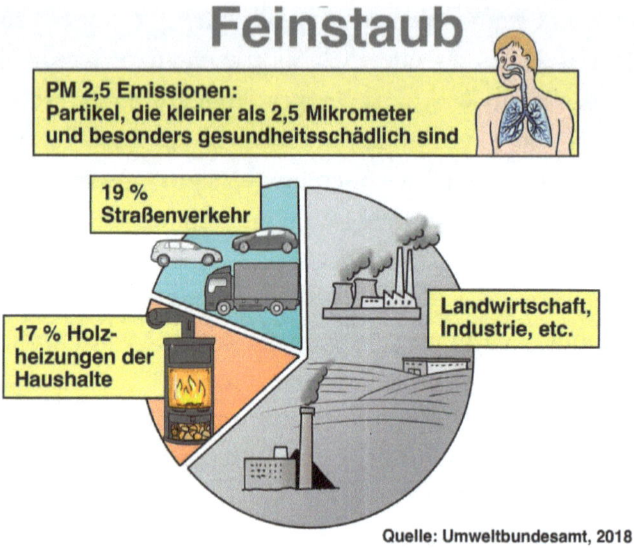

Abbildung 31: Beim Verbrennen von Holz entsteht ungesunder Feinstaub

Deutschland emittiert, wie vom Bundesumweltamt festgestellt wurde.[81] Dies resultiert aus der unvollständigen Verbrennung von Holz, da es Feuchtigkeit und andere organische Bestandteile enthält, die nicht vollständig zersetzt werden können und zur Feinstaubbildung beitragen. Trotz ihrer Fortschrittlichkeit emittieren

---

[81] Vgl. https://www.wwf.de/themen-projekte/waelder/wald-und-klima/wie-holzverbrennung-den-klimawandel-befeuert

moderne Anlagen eine erhebliche Menge Feinstaub und schädlicher Gase über den Schornstein. Bei handbestückten Holzöfen kann diese Emission durch eine präzise Zündung und effiziente Verbrennungsführung reduziert werden. Es ist wichtig zu beachten, dass nicht alle brennbaren Materialien in den Ofen gelangen sollten – lackierte Schranktüren oder bedrucktes Papier beispielsweise sollten keinesfalls verbrannt werden. Eine weniger problematische Alternative bieten Pelletheizungen, die weitgehend automatisiert arbeiten.[82] Ein weiterer Grund für die höhere Feinstaubbelastung bei der Verwendung von Holz liegt darin, dass oft unbehandeltes Scheitholz verwendet wird, das schwer zu verbrennen ist und somit mehr Feinstaub erzeugt als Pellets oder Briketts. Es gibt jedoch Maßnahmen, um die Feinstaubbelastung bei der Holzverbrennung zu reduzieren. Die Verwendung von trockenem und behandeltem Holz, das eine bessere Verbrennung aufweist und weniger Feinstaub produziert, ist eine Möglichkeit. Eine andere Lösung ist der Einsatz moderner Feinstaubfilteranlagen, die in Kraftwerken und Heizanlagen installiert werden können, um die Feinstaubemissionen effektiv zu reduzieren.[83]

---

[82] Vgl. https://www.homeandsmart.de/balkonkraftwerk-was-ist-das

[83] Vgl. https://www.swr.de/swraktuell/baden-wuerttemberg/heizen-mit-holz-auswirkungen-auf-gesundheit-100.html

Holz als Brennstoff wird oft als umweltfreundliche Alternative zu fossilen Brennstoffen betrachtet. Es ist jedoch von entscheidender Bedeutung zu verstehen, dass Holzheizungen nicht zwangsläufig klimaneutral sind. Bei der Verbrennung von Holz wird das zuvor im Baum gebundene CO2 freigesetzt. Darüber hinaus weist die aus Holz gewonnene Energie im Vergleich zu Kohle oder Erdgas einen geringeren Wirkungsgrad auf, wodurch bei der Holzverbrennung bis zu doppelt so viel CO2 freigesetzt werden muss, um die gleiche Wärmemenge zu erzeugen.

Selbst wenn das Holz aus nachhaltig bewirtschafteten Wäldern stammt, kann die Verbrennung des Holzes klimaschädlich sein, da das dabei freigesetzte CO2 in der Atmosphäre verbleibt und zur Erderwärmung beiträgt. Wenn der Baum jedoch im Wald bleibt oder für die Herstellung von langlebigen Produkten wie Möbeln oder Häusern verwendet wird, bleibt das CO2 gebunden. Es dauert Jahrzehnte, bis das bei der Verbrennung freigesetzte CO2 in anderen Bäumen wieder gebunden wird. Obwohl ein toter Baum die gleiche Menge CO2 abgibt, erfolgt dies über mehrere Jahrzehnte und nicht abrupt wie bei einer Verbrennung in einer Heizsaison. [84]Aufgrund dieser Zusammenhänge können Holzheizungen also nicht als klimaneutral betrachtet werden. Eine geringere Holzernte könnte nicht nur dazu führen, dass bestehende Bäume

---

[84] Vgl. https://www.wwf.de/themen-projekte/waelder/wald-und-klima/wie-holzverbrennung-den-klimawandel-befeuert

älter werden und weiterhin Kohlenstoff speichern, sondern könnten auch durch eine höhere Bestockung erhebliche Biomassezuwächse im Wald erzielt werden.[85]

Biomassekraftwerke und Biomasseheizwerke sind Anlagen, die Biomasse zur Strom- und Wärmeerzeugung nutzen. „Vor allem Pflanzen, einzelne Bestandteile davon, Abfälle von Pflanzen und Tieren, Restholz und generell Bioabfälle werden zum Antrieb dieses Kraftwerks verwendet. Wurde für den Rohstoff gesorgt, kann es nun an die Verbrennung gehen, dem Kern-Prozess dieses Kraftwerks. In derartigen Kraftwerken kommen überwiegend feste Brennstoffe zum Einsatz wie Holzhackschnitzel, Pellets, Stroh oder Getreide sowie Biogas, welches durch das Vergären von unter anderem Bioabfällen, Rindergülle oder Maissilage entsteht."[86] Ein Biomasseheizkraftwerk stellt zu der erzeugten elektrischen Energie auch Wärme bereit, während ein Biomassekraftwerk nur Strom erzeugt. Letzteres ist ökologisch fragwürdig, da Biomassekraftwerke die Abwärme ungenutzt in die Atmosphäre entlassen.[87]

---

[85] Vgl. https://www.wohllebens-waldakademie.de/media/65e47222-5cfa-49b7-9f3f-a2634a044bbe.pdf

[86] https://www.heizung.de/holzheizung/wissen/das-biomassekraftwerk-zur-energieerzeugung.html

[87] Vgl. https://www.chemie.de/lexikon/Biomasseheizkraftwerk.html

Biotreibstoffe wie Bioöl, Bioethanol und Biogas sind Flüssig- oder Gasbrennstoffe, die aus Biomasse gewonnen werden. Bioöl wird aus Pflanzenölen oder Fetten hergestellt, Bioethanol aus Zucker oder Stärke und Biogas aus organischen Abfällen oder Gülle. Sie können in Kraftfahrzeugen verwendet werden und tragen somit zur Reduzierung von Treibhausgasemissionen bei. Biotreibstoffe wie Bioethanol und Biodiesel haben in der Regel eine bessere CO_2-Bilanz als fossile Treibstoffe, da die Pflanzen, aus denen sie hergestellt werden, CO_2 aufnehmen, während sie wachsen. Allerdings kann die CO_2-Bilanz von Biotreibstoffen durch die Art der Pflanzen, die verwendet werden, sowie durch die Art der Anbauverfahren und Transportbedingungen beeinflusst werden.

Eine spezielle Art von Biomasseanlagen sind Biogasanlagen, die vergärte Biomasse, wie Gülle, Mais, Grasschnitt, Klärschlamm oder Energiepflanzen nutzen, um Strom und Wärme zu erzeugen. Diese Anlagen nutzen den natürlichen Abbauprozess von organischen Materialien durch Mikroorganismen und wandeln das entstehende Biogas mittels eines Blockheizkraftwerks (BHKW) in Strom und Wärme um.

Diese BHKW-Anlagen bestehen aus einem Generator und einem Verbrennungsmotor, der durch das Biogas betrieben wird. Der Generator wandelt die mechanische Energie des Motors in elektrischen Strom um, während die Abwärme des Motors zur Erzeugung von Wärme genutzt wird.

Abbildung 32: Biogasanlage

Quelle: Countrypixel/stock.adobe.com

Die Wärme kann z. B. als Fernwärme für die Wärmeversorgung von in der Nähe befindlichen Gebäuden und Wohnhäusern fungieren. Betreiber dieser BHKWs werden durch das EEG gefördert.[88] Außerdem gibt es die Strom Direktvermarktung, um einen Mehrerlös zu erzielen. Biogasanlagen können sowohl auf landwirtschaftlichen Betrieben als auch in kommunalen Kläranlagen betrieben

---

[88] Vgl. https://www.interconnector.de/wissen/biogas/

werden und tragen ebenfalls zur Reduzierung von Treibhausgasemissionen bei. [89]

Eine neue Methode der Biomassenutzung ist die Biomassevergasung. „Die Holzvergasung ist schon lange bekannt, aber auch die Verwertung anderer Stoffe wie z. B. Ernteabfälle wäre sehr interessant. Zurzeit werden Verfahren entwickelt, die eine Art Synthesegas erzeugen, aus dem dann z. B. Biokraftstoffe hergestellt werden können."[90] Dabei wird die Biomasse in Wasserstoff, Methan und Kohlenmonoxid umgewandelt, das zur Erzeugung von Strom und Wärme genutzt werden kann. Der Prozess hat Vorteile wie die Möglichkeit eine breitere Palette an Biomasse zu verwenden und die Möglichkeit von Emissionen von unerwünschten Verbindungen zu minimieren, aber auch Nachteile wie hohe Energiekosten und besitzt die Einschränkung in großen Dimensionen betrieben zu werden.

Eine potenzielle Herausforderung bei der Nutzung von Biomasse zur Erzeugung von Biogas und Biotreibstoffen besteht in der Konkurrenz um landwirtschaftliche Flächen und Ressourcen mit der Nahrungsmittelerzeugung. Wenn diese Flächen und Ressourcen für die Produktion von

---

89 Vgl. https://www.erneuerbareenergien.de/kommunen/klaeranlagen-nutzen-biogas-aus-ihren-faultuermen-kapfenberg-und-gleisdorf-zeigen-wie-das

90 https://www.energie-lexikon.info/biomasse.html

Biomasse für Biogas und Biotreibstoffe genutzt werden, könnten sich dies auf höhere Preise und eine Verknappung von Nahrungsmitteln auswirken. Im Jahr 2022 waren weltweit 735 Millionen Menschen unterernährt, was etwa 9 % der Weltbevölkerung entspricht[91], während 931 Millionen Tonnen Nahrungsmittel Jahr für Jahr auf dem Müll landen.[92] Daher sollte die Nutzung von Ackerflächen für Energiepflanzen aus ethischen Gründen ebenfalls sorgfältig überdacht werden.

Insgesamt ist Biomasse jedoch eine wichtige und vielseitige Quelle der erneuerbaren Energien, die sowohl zur Strom- und Wärmeerzeugung als auch zur Herstellung von Biotreibstoffen genutzt werden kann. Sie kann sowohl auf lokaler als auch auf nationaler Ebene eingesetzt werden. Biomasse trägt bei Nutzung zwar nicht zur Neutralisierung von Treibhausgasemissionen bei, jedoch aber zur Reduzierung im Gegensatz zu fossilen Energieträgern.

---

91 Vgl. https://www.destatis.de/DE/Themen/Laender-Regionen/Internationales/Thema/landwirtschaft-fischerei/Unterernaehrung.html

92 Vgl. https://www.welthungerhilfe.de/aktuelles/blog/lebensmittel-verschwendung

18

WASSERSTOFF

Wasserstoff ist ein chemisches Element mit dem Symbol H und der Ordnungszahl 1. Es ist das am häufigsten vorkommende Element im Universum und bildet die Grundlage von Wasser (H_2O) sowie vielen anderen Verbindungen.

Abbildung 33: Wasserstoffpipeline

Quelle: malp/stock.adobe.com

In den letzten Jahren hat Wasserstoff eine wachsende Aufmerksamkeit als mögliche Energiequelle erlangt, da es als sauberer Brennstoff betrachtet wird und die Möglichkeit bietet, die Abhängigkeit von fossilen Brennstoffen zu verringern.[93] In der Diskussion um alternative Energien stellt sich immer wieder die Frage: Was steckt eigentlich hinter dem ganzen Hype um Elektroautos, Windkraft und Solarenergie? Sollte nicht eher auf eine Wasserstoffwirtschaft gesetzt werden? Das wollen wir in diesem Kapitel einmal genauer analysieren.

Ein entscheidender Faktor bei der Betrachtung von Wasserstoff ist die Unterscheidung zwischen herkömmlichem grauem Wasserstoff und klimaneutralem grünem Wasserstoff. Grauer Wasserstoff, der aus Erdgas gewonnen wird, gilt als umweltschädlich und trägt erheblich zu den weltweiten Kohlendioxidemissionen bei. Im Gegensatz dazu wird grüner Wasserstoff als umweltfreundlich und klimaneutral betrachtet, da er aus Wasser hergestellt wird, jedoch birgt seine Produktion einige Herausforderungen.

Die Gewinnung von grünem Wasserstoff erfordert besonders viele Windkraft- und Solaranlagen, was nicht nur kostspielig ist, sondern auch einen erheblichen Aufwand bedeutet. Wasserstoff wird oft als der "Champagner der Energiewende" bezeichnet, aber sollte er wirklich überall

93 Vgl. https://www.chemie.de/lexikon/Wasserstoff.html

eingesetzt werden? Die sorglose Verwendung von Wasserstoff könnte dazu führen, dass die Energiewende und der Klimaschutz am Ende scheitern.

Wasserstoff sollte nur dort eingesetzt werden, wo es keine klimaneutralen Alternativen gibt, wie beispielsweise in Stahlwerken, der chemischen Industrie, bei Langstreckenflügen, im Schiffsverkehr oder als langzeitige Energiespeicher. Auch Wasserstoffautos stehen in der Kritik, da sie als umständlich, teuer und mit vielen Verlusten in Bezug auf die Stromproduktion aus Wasserstoff betrachtet werden.

Um grünen Wasserstoff zu gewinnen muss eine sogenannte Elektrolyse stattfinden. Die Elektrolyse ist ein Prozess, bei dem Wasser durch elektrischen Strom in seine Bestandteile, Sauerstoff und Wasserstoff, aufgespaltet wird. Dieser Prozess erfordert eine elektrolytische Zelle, die aus einer Anode und einer Kathode besteht, die durch eine Membran voneinander getrennt sind. Wenn ein elektrischer Strom durch die Zelle fließt, werden Elektronen von der Anode abgegeben und Sauerstoff entsteht an der Anode. Gleichzeitig nimmt die Kathode Elektronen auf und Wasserstoff entsteht an der Kathode.[94]

94 Vgl. https://www.maschinenmarkt.vogel.de/wasserstoffproduktion-so-wird-wasserstoff-hergestellt-a-1059901/

Bei der Elektrolyse ist die Energie, die zur Spaltung von Wasser in seine Bestandteile benötigt wird, elektrisch und sollte aus erneuerbaren Energien wie Solarenergie oder Windenergie gewonnen werden.

Im Folgenden sind nochmal die verschiedenen Arten von Wasserstoff einschließlich grauem, blauem und grünem Wasserstoff dargestellt:

Grauer Wasserstoff entsteht durch die Verarbeitung fossiler Brennstoffe wie Erdgas und Kohle und ist die am häufigsten produzierte Form von Wasserstoff. Die Produktion von grauem Wasserstoff erfolgt in industriellen Anlagen, die sich oft in Raffinerien oder chemischen Produktionsstätten befinden. In diesen Anlagen werden Dampfreformierung oder partielle Oxidation eingesetzt, um Wasserstoff aus den fossilen Brennstoffen zu gewinnen. Leider gehen mit dieser Herstellungsmethode erhebliche Umweltauswirkungen einher, bedingt durch den Einsatz fossiler Brennstoffe und die Freisetzung von Kohlendioxid (CO_2). Grauer Wasserstoff findet breite Anwendung in verschiedenen industriellen Sektoren, von der Chemieindustrie bis zur Energieproduktion, was ihn zu einem weitverbreiteten, jedoch auch umstrittenen Bestandteil der Wasserstoffproduktion macht.

Blauer Wasserstoff wird, ähnlich wie grauer Wasserstoff, aus fossilen Brennstoffen wie Erdgas oder Kohle extrahiert. Der entscheidende Unterschied liegt jedoch darin, dass das entstehende Kohlendioxid durch CO_2-

Abscheidung und -Speicherung abgefangen wird. Diese innovative Methode der Wasserstofferzeugung weist einen geringeren CO_2-Fußabdruck im Vergleich zum grauen Wasserstoff auf und trägt somit zur effektiven Reduzierung der Treibhausgasemissionen bei. Norwegen ist ein Land, das sich aktiv für die Entwicklung und Anwendung von blauem Wasserstoff einsetzt.

Grüner Wasserstoff wird durch die Elektrolyse von Wasser hergestellt, wobei erneuerbare Energiequellen wie Sonnen- oder Windenergie als Antrieb dienen. Diese Methode zeichnet sich durch eine geringere Emission von Treibhausgasen während der Produktion aus und gilt daher als die sauberste und nachhaltigste Form von Wasserstoff. Der Wirkungsgrad der Elektrolyse hängt dabei von der Art des Elektrolyseurs sowie der genutzten erneuerbaren Energiequelle ab. Die Produktion von grünem Wasserstoff durch Elektrolyse findet weltweit statt, insbesondere in Regionen, die auf erneuerbare Energien setzen. Länder wie Deutschland, Dänemark, Australien und auch Norwegen haben Projekte und Initiativen gestartet, um die Herstellung von grünem Wasserstoff voranzutreiben und damit eine nachhaltigere Energiezukunft zu fördern. Die Herstellung von Wasserstoff erfordert, ähnlich dem Prozess beim Recycling, einen bedeutenden Energieaufwand. „Die Elektrolyse weist einen Wirkungsgrad von 60 bis 70

Prozent auf."[95] Während der Konversion geht zudem zusätzliche Energie verloren, was die energetische Effizienz von Wasserstoff maßgeblich beeinträchtigt.

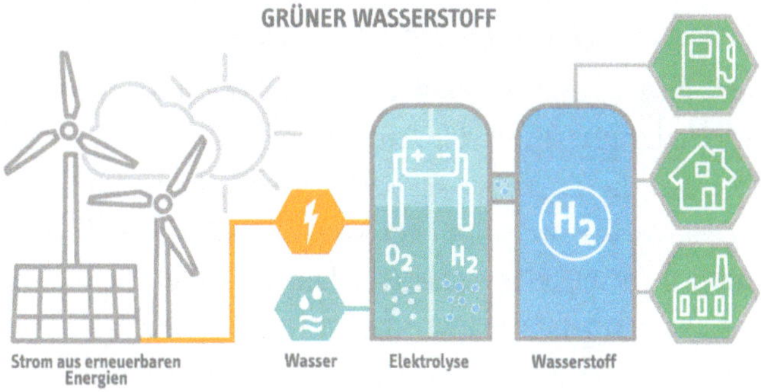

Abbildung 34: Die Herstellung und Nutzung von grünem Wasserstoff

Quelle: stock.adobe.com

Die Produktion von Wasserstoff aus fossilen Brennstoffen, also grauer Wasserstoff, ist etwa drei bis vier Mal kostengünstiger im Vergleich zur Herstellung mittels CO2-Abscheidung, wie beim blauen Wasserstoff, oder durch Verwendung erneuerbarer Energiequellen für die Wasserelektrolyse, wie beim grünen Wasserstoff. Dies führt dazu, dass weltweit immer noch etwa 96 % des produzierten

---

95 https://www.sfc.com/glossar/wirkungsgrad-der-brennstoffzelle/

Wasserstoffs aus fossilen Brennstoffen gewonnen werden, vorwiegend aufgrund dieser wirtschaftlichen Faktoren.[96]

Für die Herstellung von 1 kg grünem Wasserstoff wird mehr als 9 kg Wasser benötigt. Es ist jedoch wichtig zu betonen, dass es sich hierbei um einen theoretischen Wert handelt, der nur unter der Annahme funktioniert, dass das Wasser für diesen Prozess bereits entsprechend aufbereitet ist. Das Wasser muss vorher sehr aufwändig aufbereitet werden und muss entsalzt werden. Es ist wichtig zu berücksichtigen, dass zwar 70,9 % der Erdoberfläche von Wasser bedeckt sind, während die verbleibenden 29,1 % aus Landmasse bestehen, jedoch der größte Teil des weltweiten Wasservorkommens aus Salzwasser besteht, das etwa 97 % ausmacht. Im Gegensatz dazu ist der Anteil an Süßwasser mit nur etwa 3 % deutlich geringer. Ein beträchtlicher Teil dieses Süßwassers ist sogar noch in den Polareiskappen und Gletschern der Erde gebunden. Dies bedeutet, dass hauptsächlich Salzwasser für die Gewinnung von grünem Wasserstoff genutzt werden muss. Eine umfassende weltweite Analyse von Entsalzungsanlagen in 177 Ländern verdeutlicht, dass im Durchschnitt 1 Liter Süßwasser aus 2,5 Litern Rohwasser gewonnen wird (Quelle: The state of desalination and brine production: A global outlook). Sollte dieses Wasser für die Wasserstoffherstellung durch Wasserelektrolyse verwendet werden, ergibt sich ein

---

96 Vgl. https://amerika21.de/analyse/263597/gruener-wasserstoff-neue-falsche-loesung

technischer Wasserbedarf von etwa 22,5 kg Rohwasser pro 1 kg Wasserstoff. Bei einem erhöhten Salzgehalt im Rohwasser könnte der Wasserbedarf sogar auf bis zu 30 kg Rohwasser pro 1 kg Wasserstoff steigen.

Für die Verwendung von Wasserstoff kann eine sogenannte Brennstoffzelle zum Einsatz kommen (s. Kapitel 25). Sie ist eine Art Elektrolysezelle, die Wasserstoff und Sauerstoff verwendet, um elektrischen Strom zu erzeugen. In einer Brennstoffzelle wird Wasserstoff und Sauerstoff auf der Anode und der Kathode zusammengeführt, um eine chemische Reaktion auszulösen, die Elektronen freisetzt und elektrischen Strom erzeugt. Als Nebenprodukt entsteht Wärme, das für verschiedene Prozesse wie z. B. für die Warmwasserbereitung für Industrie oder Haushalt genutzt werden kann. Einige Brennstoffzellen verwenden auch andere Brennstoffe wie Methanol oder Biogas anstelle von Wasserstoff. Ebenfalls kann es auch als Treibstoff für Autos und Transport genutzt werden.

Obwohl Wasserstoff als Energiequelle vielversprechend erscheint, gibt es auch Herausforderungen in Bezug auf die Produktion, Speicherung und Verteilung. Weitere Forschung und Entwicklung sind erforderlich, um diese Herausforderungen zu meistern und die Nutzung von Wasserstoff als Energiequelle zu erleichtern. Eine der größten Herausforderungen bei der Nutzung von Wasserstoff als Energiequelle ist der Umgang mit der geringen Dichte von Wasserstoffgas, was die Speicherung und den Transport erschwert. Es besitzt eine geringere Dichte als Benzin oder

Diesel und ist damit schwieriger zu transportieren. Es erfordert mehr Platz und spezielle Behälter, um die gleiche Menge an Energie zu transportieren. Die Wasserstoffinfrastruktur mit Pipelines und Tankstellen ist derzeit noch nicht so weit verbreitet, wie die für Benzin und Diesel, daher ist es schwieriger Wasserstoff in großen Mengen an verschiedene Orte zu transportieren. „Das Speichern von Wasserstoff hat zum Ziel, Wasserstoff in großen Mengen für verschiedenste Anwendungen bereitzuhalten. Ein großes Anliegen ist die Rückverstromung erneuerbarer Energien."[97]

Zum Speichern von Wasserstoff gibt es verschiedene Varianten wie Druckbehälter oder die Kryo-Lagerung. Die sogenannte Adsorptionsspeicherung, wie die Wasserstoffpaste, ist zurzeit noch in der Entwicklung, wobei in diesem Bereich schon viele Fortschritte gemacht wurden.

„Bei der Druckgasspeicherung wird Wasserstoff unter sehr hohem Druck verdichtet und in Drucktanks gespeichert. Solche Hochdruckspeicher eignen sich vor allem für kleine Speichermengen und werden daher häufig in Fahrzeugen wie LKW oder Autos verwendet. Je höher der Druck ist, desto größer ist die erreichte Speicherdichte. Bei Autos wird ein Druckniveau von ungefähr 700 bar erreicht. Die

---

[97] https://www.ewe.com/de/zukunft-gestalten/wasserstoff/wasserstoffspeicherung-im-portrait

Reichweite dieser mit Wasserstoff und Brennstoffzellen betriebenen Fahrzeuge ist mit der von Benzinautos vergleichbar."[98]

Abbildung 35: Druckgasbehälter für Wasserstoff

Quelle: AA+W/stock.adobe.com

Bei der Kryo-Lagerung (Flüssiggasspeicherung) wird der Wasserstoff bei -253 °C in Kryotanks gespeichert, wobei das Wasserstoffgas verflüssigt wird. Damit reduziert sich das Volumen um einen Fünftel und besitzt somit eine höhere Speicherdichte. Das bedeutet, dass durch die Verflüssigung mehr Masse bei selbem Volumen gespeichert werden kann. Ein Nachteil dabei ist, dass ein Drittel der

98 https://www.ewe.com/de/zukunft-gestalten/wasserstoff/wasserstoffspeicherung-im-portrait

gespeicherten Energiemenge aufgebracht werden muss, um das Wasserstoffgas zu kühlen und somit zu verflüssigen.[99]

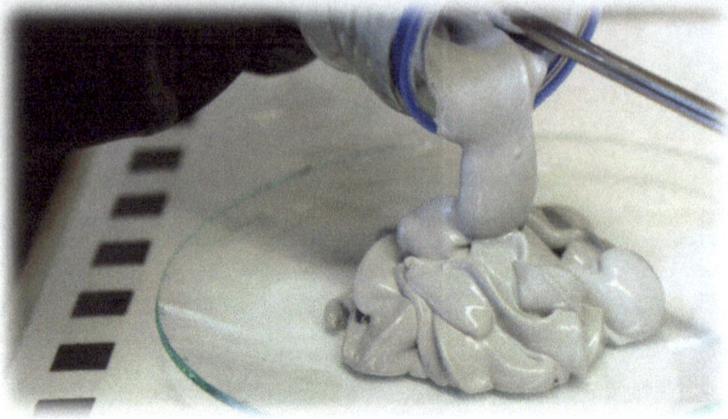

Abbildung 36: Wasserstoffpaste

Quelle: https://www.ifam.fraunhofer.de/de/magazin/klimafreundlicher-wasserstoff-und-brennstoffzellen.html - Fraunhofer IFAM

Die Wasserstoffpaste (Adsorptionsspeicher) ist eine graue, puddingartige Paste mit einer hohen Energiespeicherdichte, die bei der Reaktion mit Wasser Wasserstoffgas freisetzt. Die Herstellung der Paste erfolgt durch die Umwandlung von Magnesiumpulver in Magnesiumhydrid unter Zugabe von Wasserstoff bei 350 Grad Celsius und fünf bis sechs bar Druck. Nach der Zugabe von Ester und Metallsalz entsteht die lagerbare Paste. Für die Verwendung

---

[99] Vgl. https://www.ewe.com/de/zukunft-gestalten/wasserstoff/wasserstoffspeicherung-im-portrait

in Brennstoffzellen kann die Paste in eine Kartusche gefüllt und als Tank eingesetzt werden. Die Powerpaste ist stabil und zersetzt sich erst bei Temperaturen über 250 Grad Celsius, ist also bei üblichen Umgebungstemperaturen nutzbar. Die Energiespeicherdichte der Powerpaste ist höher als bei einem 700-bar-Drucktank und sogar zehnmal höher als bei Batterien. Die Reaktion von Wasser und Powerpaste erzeugt neben Wasserstoffgas auch Wärme, die in geschlossenen Fahrzeugen genutzt werden kann, z. B. für die Innenraumheizung. Weitere Anwendungen der Powerpaste sind die Energieversorgung von Drohnen oder Brennstoffzellen zur Stromversorgung von Campingfahrzeugen.[100]

Wasserstoff wird als essenzieller Baustein einer zukünftigen Energiewende betrachtet und soll insbesondere in der Stahl- und Chemieindustrie Anwendung finden. Eine weitere vielversprechende Perspektive besteht darin, Wasserstoff als Langzeit-Stromspeicher zu nutzen, um die unsteten Energieerzeugungsschwankungen durch Wind- und Solarenergie auszugleichen. In diesem Zusammenhang erscheint die Umnutzung der bestehenden Erdgasinfrastruktur für Wasserstoff als vielversprechender Ansatz. An einigen Standorten von Erdgasspeichern laufen bereits Forschungsprojekte, die die potenzielle Verwendung als

---

100 Vgl. https://www.auto-motor-und-sport.de/tech-zukunft/alternative-antriebe/powerpaste-wasserstoff-brennstoffzelle-fraunhofer-institut/

Wasserstoffspeicher, kurz H2-Speicher, untersuchen. Erdgasspeicher lassen sich grob in zwei Kategorien unterteilen: Kavernenspeicher, in denen das Gas in großen unterirdischen Hohlräumen im Salzgestein gespeichert wird, und Porenspeicher, bei denen das Gas in die Hohlräume porösen Gesteins gepresst wird.[101]

Obwohl es Herausforderungen bei der Nutzung von Wasserstoff als Energiequelle gibt, sind sowohl Regierungen als auch die Privatwirtschaft bemüht, diese zu überwinden und die Verwendung von Wasserstoff zu fördern. Es gibt eine zunehmende Anzahl von Projekten und Initiativen, die sich mit der Herstellung, Speicherung und Nutzung von Wasserstoff beschäftigen. Dies spiegelt die steigende Aufmerksamkeit für die Vorteile von Wasserstoff als saubere und nachhaltige Energiequelle wider.

---

[101] Vgl. https://www.klimareporter.de/technik/erdgasspeicher-vertragen-wasserstoff-nicht-immer

19

KERNKRAFTWERKE

Seit Jahrzehnten wird die Kernkraft weltweit kontrovers diskutiert. Während einige ihre Bedeutung als wichtige Energiequelle betonen, warnen andere vor den potenziellen Risiken und Gefahren. Weltweit hat sie 2022 9 % des gesamten Strombedarfes gedeckt.[102] Insbesondere in Deutschland ist die politische Meinung durch historische Ereignisse und öffentliche Debatten geprägt, die Atomkraft als gefährlich einstufen. Dabei sollte aber berücksichtigt werden, dass Atomkraftwerke weltweit nach wie vor eine wichtige Rolle in der Energieversorgung spielen und das Thema der Atomenergie auch in Zukunft relevant bleiben wird. In diesem Sinne kann dieses Kapitel als Exkurs betrachtet werden, das dazu beitragen soll, das Verständnis für Atomkraftwerke auf eine neutrale und sachliche Art zu fördern.

---

[102] Vgl. https://www.fr.de/wirtschaft/atomkraft-weltweit-akws-erneuerbare-energien-klima-klimawandel-92714821.html

Atomkraftwerke sind Kraftwerke, die die Energie, die in Atomkernen gebunden ist, nutzen, um Strom zu erzeugen. Sie werden auch als Kernkraftwerke bezeichnet.[103] Atomkraftwerke nutzen den Kernprozess der Kernspaltung, bei dem schwere Atomkerne in leichtere Teilchen gespalten werden, wodurch Energie freigesetzt wird. Dieser Prozess wird durch Spaltung von Uran- oder Plutonium in Brennstäben erreicht, die in einem Reaktor platziert sind.

Abbildung 37: Kernkraftwerk

Quelle: Countrypixel/stock.adobe.com

„Uran – radioaktiv, giftig und schwer – ist ein auf der Erde weit verbreitetes natürliches Element und Schwermetall.

---

103 Vgl. https://de.wikipedia.org/wiki/Kernkraftwerk

Es kommt häufiger vor als Gold und Silber."[104] Wenn die Atomkerne gespalten werden, erzeugen sie Wärme und Neutronen, die weitere Spaltungen auslösen können. Dieser Prozess wird als Kettenreaktion bezeichnet.[105] Die Wärme, die durch die Kernspaltung erzeugt wird, wird genutzt, um Wasser zu erhitzen und Dampf zu erzeugen, der eine Turbine antreibt und so Strom erzeugt. Der erzeugte Strom wird dann durch Transformatoren auf eine höhere Spannung gebracht und über Stromleitungen zu den Verbrauchern transportiert.

Abbildung 38: Uran

Quelle: RHJ/stock.adobe.com

---

[104] https://www.aktiv-online.de/news/uran-radioaktiv-16589

[105] Vgl. https://www.lernhelfer.de/schuelerlexikon/physik/artikel/kernspaltung

„Die Spaltung von 1 kg Uran setzt ca. 24000 Megawattstunden = 24 Millionen Kilowattstunden Wärme frei – gleich viel wie die Verbrennung von ca. 3000 Tonnen Steinkohle (also 3 Millionen mal mehr Material)."[106]

Atomkraftwerke sind eine der am weitesten verbreiteten Arten von Kraftwerken zur Stromerzeugung. Sie sind wegen ihrer hohen Effizienz und ihres stabilen Stromflusses beliebt. Ein Kernkraftwerk kann mehrere tausend Megawatt elektrische Leistung produzieren, was es zu einer leistungsfähigen Stromquelle macht. Sie erzeugen auch keine Treibhausgase und haben daher geringe Auswirkungen auf den Klimawandel.

Jedoch gibt es auch Nachteile von Atomkraftwerken. Einer der größten Nachteile ist die potentielle Gefahr von Unfällen, wie z.B. in Tschernobyl oder Fukushima, die zu schweren Umweltauswirkungen führen können.[107] Auch die Entsorgung der radioaktiven Abfälle ist ein großes Problem, da diese Abfälle für Tausende von Jahren gefährlich bleiben und es schwierig ist, einen sicheren Ort für ihre Lagerung zu finden.[108] In Deutschland existiert

---

[106] https://www.energie-lexikon.info/uran.html

[107] Vgl. https://www.welt.de/wissenschaft/article13154813/Was-ist-schlimmer-Fukushima-oder-Tschernobyl.html

[108] Vgl. https://www.ausgestrahlt.de/themen/atommuell/

gegenwärtig kein Endlager für hochradioaktiven Atommüll, weshalb der Müll in Zwischenlagern aufbewahrt wird, bis eine langfristige Entsorgungsmöglichkeit gefunden wird. Weltweit gibt es lediglich ein geologisches Endlager, das derzeit zur Erprobung genutzt wird, um hochradioaktive Abfälle und abgebrannte Brennelemente zu entsorgen. „Im Jahr 2015 genehmigte die finnische Regierung den Bau des weltweit ersten Endlagers für hochradioaktive Abfälle. Es befindet sich im Kristallingestein unter der Insel Olkiluoto und heißt Onkalo: Höhle".[109] Ein weiterer Nachteil ist, dass die Brennstoffe, die in Atomkraftwerken verwendet werden, endlich sind und der Abbau und die Verarbeitung umweltbelastend sein kann.

Trotz dieser Nachteile spielt die Atomenergie weiterhin eine wichtige Rolle in der Stromerzeugung. Es gibt weltweit mehr als 400 Kernkraftwerke in Betrieb und viele Länder setzen weiterhin auf die Kernenergie, um ihren Energiebedarf zu decken.[110] Es gibt auch immer wieder Bemühungen, die Sicherheit und Effizienz von Atomkraftwerken zu verbessern, um die Risiken zu minimieren und die Vorteile zu maximieren.

---

[109] https://www.base.bund.de/DE/themen/soa/endlager-weltweit/finnland/finnland-endlager.html

[110] Vgl. https://www.enu.at/daten-und-fakten-zur-atomkraft

In den letzten Jahren hat es auch Entwicklungen in der Kernfusion (s. Kapitel 20) gegeben, die als eine sauberere und sicherere Alternative zur Kernspaltung angesehen werden. Im Gegensatz zur Kernspaltung, bei der schwere Atomkerne in leichtere Teilchen gespalten werden, nutzt die Kernfusion die Verschmelzung von leichten Atomkernen, um Energie freizusetzen.[111] Dieser Prozess erzeugt keine radioaktiven Abfälle und hat ein sehr geringes Risiko von Unfällen. Obwohl die Kernfusion derzeit noch nicht kommerziell verfügbar ist, gibt es viele Forschungsprojekte auf der ganzen Welt, die sich mit der Entwicklung von Kernfusionsreaktoren beschäftigen und in Zukunft somit eine wichtige Energiequelle werden könnten.

Es gibt verschiedene Arten von Kernkraftwerken, die derzeit in Betrieb sind oder früher verwendet wurden, darunter:

- **Leichtwasserreaktoren (LWR)**: Dies ist die am weitesten verbreitete Art von Kernkraftwerk. Sie verwenden Leichtwasser als Kühlmittel und Schwerwasser als Neutronenmoderator.

- **Schnelle Brüterreaktoren (FBR):** Diese Reaktoren verwenden schnelle Neutronen, um Uran-238 in

[111] Vgl. https://www.ardalpha.de/wissen/umwelt/nachhaltigkeit/kernfusion-fusion-sonne-energie-kraftwerk-102.html

Plutonium umzuwandeln. Sie werden hauptsächlich zur Wiederaufarbeitung von Kernbrennstoff verwendet.

- **Hochtemperaturreaktoren (HTR)**: Diese Reaktoren verwenden Graphit als Neutronenmoderator und Gas als Kühlmittel. Sie erreichen höhere Temperaturen als herkömmliche Reaktoren, was sie für den Einsatz in Prozessen der Wärmeenergieerzeugung und der Wasserstoffproduktion attraktiv macht.

- **Molten Salt Reaktoren (MSR):** Salzschmelzreaktoren verwenden flüssige Salzlösungen als Kühl- und Brennstoffträger. Sie sind besonders sicher und können auch Abfallstoffe als Brennstoff nutzen. In diesem Kapitel soll genauer darauf eingegangen werden.

- **Druckwasserreaktoren (PWR)**: Diese Art von Reaktor verwendet Druckwasser als Kühlmittel und Schwerwasser als Neutronenmoderator.

- **Boiling Water Reaktoren (BWR)**: Diese Art von Reaktor verwendet kochendes Wasser als Kühlmittel und Neutronenmoderator.

- **Pressurized Heavy Water Reaktoren (PHWR)**: Diese Art von Reaktor verwendet Druckwasser als

Kühlmittel und Schwerwasser als Neutronenmoderator.

- **Graphite moderated Reaktoren (GMR)**: Diese Art von Reaktor verwendet Graphit als Neutronenmoderator und Wasser als Kühlmittel.[112]

Es gibt auch verschiedene Entwicklungen im Bereich der Kernenergie, wie z.B. kleinmodulare Reaktoren (SMR) und Thoriumreaktoren, die derzeit erforscht werden.

Kleinmodulare Reaktoren (SMR) sind Kernreaktoren, die im Vergleich zu herkömmlichen Kernkraftwerken in kleinerem Maßstab gebaut werden (Abbildung 39). In Tschechien soll in Kürze das erste Mini-Atomkraftwerk Europas entstehen.[113] Auch Länder wie England und Polen setzen verstärkt auf die sogenannten SMR (Small Modular Reactors). Diese kompakten Reaktoren, die nur etwas mehr als 20 Meter lang sind, erzeugen eine elektrische Leistung von etwa 300 Megawatt. Befürworter sehen in den SMR-Anlagen eine sinnvolle Ergänzung zu den erneuerbaren Energien. Sie argumentieren, dass die Mini-Reaktoren im Fall

---

[112] Vgl. https://kernenergie.technology/kernkraftwerksbetrieb/kernreaktor/arten

[113] Vgl. https://www.rnd.de/wirtschaft/tschechien-setzt-auf-mini-akws-erster-reaktor-nur-60km-von-deutschland-entfernt-276QEAQX5BRR2GB6UI4AYBHGJA.html

einer unzureichenden Stromproduktion durch Wind-, Sonnen- und Wasserkraft als zuverlässige Alternative einspringen könnten.[114]

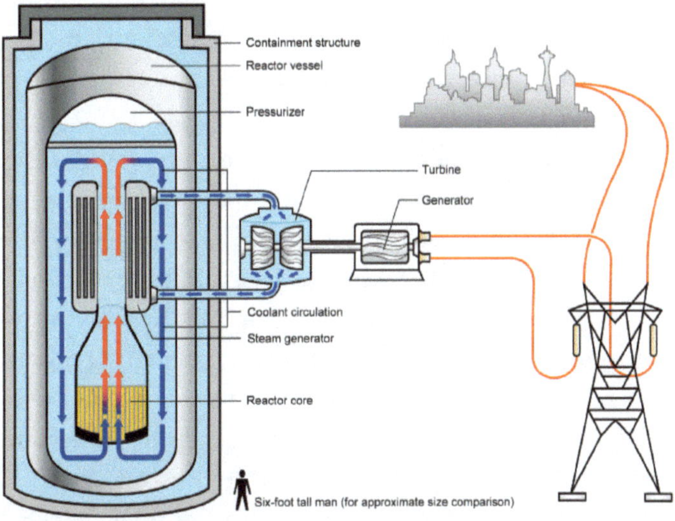

Abbildung 39: Small modular reactor (SMR)

Quelle: https://en.wikipedia.org/wiki/Small_modular_reactor - U.S. Government Accountability Office

Durch die Effizienz der Fließbandproduktion sollen die Kosten für SMR-Kraftwerke drastisch auf nur ein Zehntel im Vergleich zu herkömmlichen Atomkraftwerken gesenkt werden. Eine Untersuchung der Stanford University zeigt jedoch, dass Small Modular Reactors bis zu 30-mal

114 Vgl. https://www.tagesschau.de/wirtschaft/energie/mini-reaktoren-small-modular-reactors-atomkraft-kernenergie-101.html

mehr radioaktive Abfälle erzeugen können als herkömmliche Reaktoren. Unter radioaktiven Abfällen fallen hierbei genutzte Brennelemente sowie schwach- und mittelaktive Abfälle, zu denen unter anderem radioaktives Papier, Lumpen, Werkzeuge, chemische Schlämme oder metallische Kernbrennstoffhüllen gehören.[115]

Der Salzschmelzreaktor, den Bill Gates mit seiner Firma TerraPower entwickelt, ist ein sogenannter Flüssigsalzreaktor (engl. Molten Salt Reactor - MSR), der auch als Thoriumreaktor bezeichnet wird. Thoriumreaktoren sind eine Art von Kernreaktoren, die Thorium als Kernbrennstoff verwenden. Im Vergleich zu herkömmlichen Kernkraftwerken, bei denen der Kernbrennstoff in Form von Brennstäben aus Uran oder Plutonium verwendet wird, verwendet der Salzreaktor flüssige Salze als Brennstoff und Kühlmittel. Der Salzreaktor verwendet ein Gemisch aus flüssigen Salzen, die Uran und/oder Plutonium in einem Salzkreislauf als Kernbrennstoff enthalten. Durch die Verwendung von flüssigen Salzen kann dieser effizienter genutzt werden, da die Salze diesen gleichmäßig umspülen und so eine bessere Wärmeübertragung ermöglichen. Ein weiterer Vorteil des Salzreaktors ist seine inhärente Sicherheit. Im Falle einer Überhitzung oder eines Stromausfalls wird das flüssige Salz aufgrund seiner hohen Schmelztemperatur zu einem festen Block, wodurch der Brennstoff

---

115 Vgl. https://www.energiezukunft.eu/politik/kleine-reaktoren-verschaerfen-atommuell-problem/

kontrolliert und ohne den Einsatz von zusätzlichen Kühlsystemen oder Sicherheitsvorkehrungen abgebremst wird. Dieses Konzept wird als "passive Sicherheit" bezeichnet. Darüber hinaus kann der Salzreaktor den Abfall, der bei der herkömmlichen Kernenergieproduktion anfällt, verringern. Im Gegensatz zu herkömmlichen Kernkraftwerken produziert der Salzreaktor kein Plutonium und kann stattdessen die vorhandenen Bestände an Atommüll als Brennstoff verwenden. Dies ist aufgrund der Verwendung von Flüssigsalzen als Brennstoff möglich, da diese Salze eine höhere Leistungsdichte haben und somit mehr Energie aus dem vorhandenen Brennstoff gewonnen werden kann. Thorium ist ein natürlich vorkommendes Element, das als Kernbrennstoff geeignet ist und mehr Vorkommen hat als Uran. Einige Vorteile von Thoriumreaktoren sind die geringere Produktion von hoch radioaktivem Abfall und die geringere Gefahr von Kernwaffen-Proliferation. Letzteres ist von Forschern umstritten.[116] Es gibt verschiedene Technologien von Thoriumreaktoren, die derzeit entwickelt werden, wie z.B. Molten Salt Reaktoren und Thorium geführte Kernspaltungsreaktoren.

Dual Fluid Energy (DFE) ist ein innovatives Konzept für einen neuen Typ von Kernreaktor, der auf der Nutzung von flüssigen Brennstoffen basiert. Im Gegensatz zu den herkömmlichen Kernreaktoren, die auf der Verwendung

---

[116] Vgl. https://www.trendingtopics.eu/thorium-ist-das-wirklich-die-revolution-der-atomkraft/

von festen Brennstoffen basieren, verwendet DFE flüssige Brennstoffe wie beispielsweise Salzschmelzen. DFE-Reaktoren arbeiten bei sehr hohen Temperaturen, die über 1.000 Grad Celsius liegen. Dies ermöglicht es ihnen, höhere Wirkungsgrade zu erreichen als herkömmliche Reaktoren. Darüber hinaus haben sie den Vorteil, dass sie eine höhere Sicherheit bieten, da sie durch ihr Design und die Verwendung von flüssigen Brennstoffen eine geringere Gefahr von Kernschmelzen und anderen Störfällen aufweisen. Ein weiterer Vorteil von DFE-Reaktoren ist, dass sie Atommüll nutzen können, der von herkömmlichen Reaktoren produziert wird. Dadurch wird die Menge an radioaktivem Abfall reduziert, der für viele Jahrzehnte oder sogar Jahrhunderte gelagert werden muss. DFE-Reaktoren sind jedoch noch in der Entwicklungsphase. Ein Prototyp existiert bis heute nicht. Die Technologie hat das Potenzial, eine sichere und saubere Energiequelle für die Zukunft zu sein, aber es gibt noch viele Herausforderungen zu bewältigen, bevor sie in großem Maßstab eingesetzt werden kann. Das Unternehmen Dual Fluid hat sich für eine Investition in Ruanda entschieden, da das Land ein äußerst stabiles und positives Geschäftsumfeld bietet, das bereits zahlreiche große internationale Unternehmen angezogen hat.[117] Insgesamt bietet Dual Fluid Energy ein vielversprechendes Konzept für die Nutzung von Kernenergie und die Wiederverwendung von Atommüll. Es wird spannend sein

---

[117] Vgl. https://efahrer.chip.de/news/sicherer-effizienter-und-emissionsaermer-deutsche-erfinden-neuen-atomreaktor_1015227

zu beobachten, wie sich die Technologie in den kommenden Jahren weiterentwickelt und ob sie eines Tages Teil des Energiemixes werden wird.

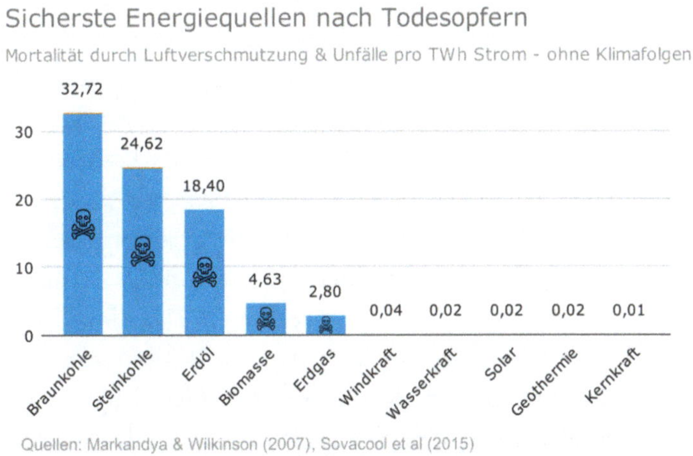

Abbildung 40: hellblau Luftverschmutzung; orange Unfälle

Quelle: https://www.tech-for-future.de/sicherste-energiequelle/ - Florian Blümm

Atomkraftwerke werden oft als eine mögliche Lösung für die Energieprobleme der Welt betrachtet, da sie als niedrig emittierende und verlässliche Energiequelle angesehen werden.

Studien, die vor Jahren veröffentlicht wurden, kamen zu dem Schluss, dass Atomkraftwerke ein niedriges Risiko im Vergleich zu anderen Arten von Energieerzeugung wie Kohle, Gas, Öl und sogar erneuerbaren Energien darstellen. „Das berichtet das Wissenschaftsmagazin „New

Scientist“ unter Berufung auf einen Bericht der internationalen Energieagentur aus dem Jahr 2002.

In dem Bericht werden Studien zusammengefasst, die Todesfälle im Zusammenhang mit verschiedenen Energiequellen abschätzen. Dabei wird der Lebenszyklus vom Abbau des Rohstoffes bis zum Betrieb des Kraftwerkes berücksichtigt.“[118] Sie untersuchten sowohl die Umweltauswirkungen als auch die Risiken für die Gesundheit und Sicherheit der Bevölkerung, die mit jeder Art von Energieerzeugung verbunden sind, denn jede Form der Stromerzeugung führt direkt oder indirekt zum Tod eines Menschen.[119] Die Studien ergaben, dass Atomkraftwerke im Vergleich zu anderen Arten von Energieerzeugung ein niedriges Risiko darstellen. Dies wird hauptsächlich durch die Tatsache begründet, dass Atomkraftwerke keine Emissionen von Schadstoffen aufweisen, die die Luftqualität beeinträchtigen oder zur Klimaerwärmung beitragen können. Sie sind auch als sicherer angesehen als andere Arten von Kraftwerken, da sie statistisch gesehen weniger anfällig für Unfälle und Katastrophen sind. Aus den Abbildungen 40 und 41 geht hervor, dass unter Berücksichtigung von Klimafolgen mit 3 Todesfällen pro Terawattstunde

---

[118] https://www.tagesspiegel.de/wissen/opfer-der-energie-6731302.html

[119] Vgl. https://www.tagesspiegel.de/wissen/opfer-der-energie-6731302.html

(TWh) erzeugtem Strom zu rechnen ist, während ohne Klimafolgen nur 0,01 Todesfälle pro TWh zu erwarten sind.

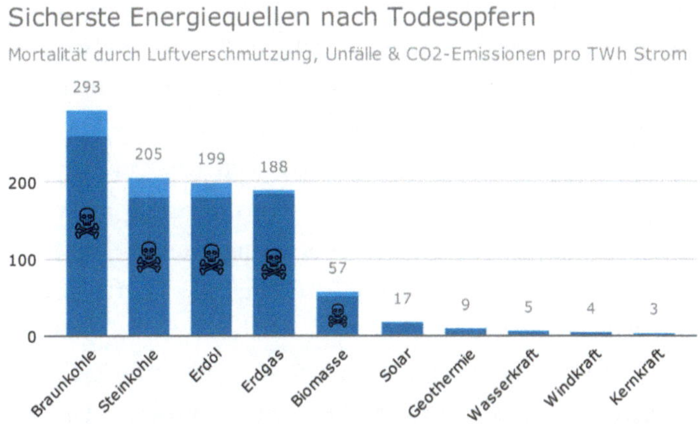

Abbildung 41: dunkelblau CO2-Emssionen; hellblau Luftverschmutzung; orange Unfälle (nicht sichtbar, da Anteil zu gering)

Quelle: https://www.tech-for-future.de/sicherste-energiequelle/ - Florian Blümm

Im Vergleich dazu sind bei der Nutzung von Braunkohle (aufgrund der Luftverschmutzung) 293 Todesfälle mit Klimafolgen bzw. 32,72 Todesfälle ohne Klimafolgen pro TWh zu erwarten. Die Studien betonen jedoch auch, dass es wichtig ist, die Risiken von Atomkraftwerken sorgfältig zu bewerten und zu minimieren. Dazu gehören die Risiken von Störfällen und Unfällen, die mit der Handhabung von

radioaktivem Material verbunden sind, sowie die langfristigen Risiken der Entsorgung radioaktiver Abfälle.[120]
Es ist wichtig zu berücksichtigen, dass es bezüglich der Sicherheit von Atomkraftwerken unterschiedliche Meinungen gibt. Kritiker argumentieren, dass Atomkraftwerke trotz ihrer niedrigen CO2-Emissionen immer noch ein Risiko für die Umwelt und die Gesundheit darstellen können, insbesondere durch die Möglichkeit von Unfällen und die langfristigen Auswirkungen von radioaktiven Abfällen. Es ist daher von großer Bedeutung, die Risiken sorgfältig zu bewerten und zu minimieren, um sicherzustellen, dass Atomenergie so sicher und effizient wie möglich genutzt wird. Atomenergie wird weltweit weiterhin genutzt. Weitere Atomkraftwerke sind in Planung und werden derzeit gebaut, um der wachsenden Nachfrage nach Energie entgegenzukommen. Daher ist es notwendig, sich mit den Herausforderungen der Atomenergie auseinanderzusetzen und Lösungen für eine sichere und effiziente Nutzung zu finden. Eine erfolgreiche Lösung für die Entsorgung von Atomabfällen ist entscheidend für die langfristige Sicherheit der Atomenergie. Es wird daher an der Entwicklung von Methoden gearbeitet, um Atomabfälle zu recyceln oder auf andere Weise zu nutzen, um die Menge an radioaktivem Material, das gelagert werden muss, zu reduzieren.

---

[120] Vgl. https://www.tech-for-future.de/sicherste-energiequelle/

20

KERNFUSION

Die Kernfusion ist ein natürlicher Prozess, bei dem leichte Atomkerne verschmelzen und dabei Energie freisetzen. Im Gegensatz zur Kernspaltung, bei der schwere Atomkerne in kleinere Teilchen zerlegt werden, nutzt die Fusion die Anziehungskraft zwischen den Protonen in den Kernen von Wasserstoffatomen. Dieser Prozess findet in Sternen wie der Sonne statt und ist die Quelle der Wärme und des Lichts, die unser Leben auf der Erde ermöglichen.

In der Sonne fusionieren Wasserstoffatome aufgrund der hohen Gravitation zu Helium, wobei Energie in Form von Wärmestrahlung freigesetzt wird. Die Sonne ist die Grundlage allen Lebens auf der Erde und enthält 99,8 Prozent der Masse des gesamten Planetensystems. Die Fusion von Wasserstoffatomen ist ein sehr effizienter Energieprozess und bietet großes Potenzial als saubere Energiequelle für die Zukunft. Die Kernfusion von Wasserstoffatomen zu Helium ist die am häufigsten untersuchte und vielversprechendste Methode der Kernfusion auf der Erde. Es gibt zwei Hauptmethoden, um die Bedingungen für die

Kernfusion zu erreichen: Die thermonukleare Fusion und die Laserfusion.

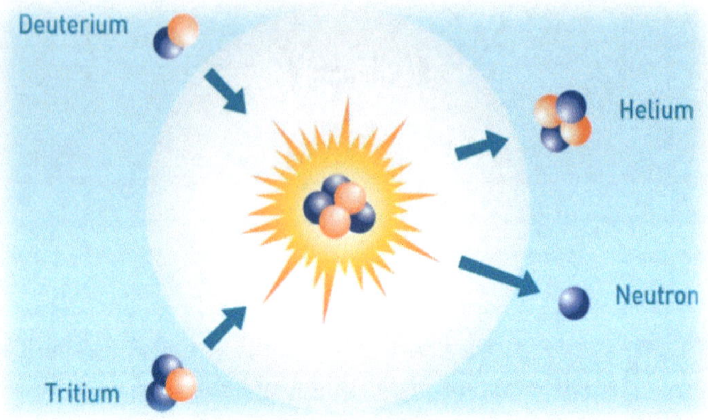

Abbildung 42: Wasserstoffmoleküle verschmelzen zu Helium

Quelle: https://cms.nuklearforum.ch/sites/default/files/2021-11/NUK_Faktenblatt_Kernfusion_D_FINAL.pdf - Nuklearforum Schweiz

Die thermonukleare Fusion erfordert, dass die Wasserstoffisotope Deuterium und Tritium auf sehr hohe Temperaturen und Drücke erhitzt werden, um die notwendige Energie zur Verschmelzung zu erreichen. Die Temperaturen können mehrere Million Grad Celsius betragen.[121] Dies erfolgt am häufigsten durch die Verwendung von Tokamak-Reaktoren, die ein magnetisches Feld verwenden, um

121 Vgl. https://t3n.de/news/energie-kernfusion-fusionsreaktor-1497347/

die heißen Plasma-Wasserstoffisotope zu kontrollieren.[122] Ein herausragendes Beispiel für diese Forschungsbemühungen ist der ITER, ein experimenteller Fusionsreaktor, der in Abbildung 43 dargestellt ist.

Abbildung 43: ITER (International Thermonuclear Experimental Reactor)

Quelle: Filipp/stock.adobe.com

Dieses ambitionierte Projekt wird von 35 Ländern gemeinsam finanziert und befindet sich derzeit in der Bauphase in Cadarache, Frankreich. Mit geschätzten Kosten von 30 Milliarden US-Dollar ist der ITER darauf ausgerichtet, die

---

122 Vgl. https://www.scinexx.de/dossierartikel/wie-funktioniert-iter/

Möglichkeiten und wissenschaftlichen Grundlagen der Kernfusion zu erforschen.[123]

Eine andere Methode ist die Verwendung von **Laserfusion**, bei denen kompressionsartige Schocks verwendet werden, um die Wasserstoffisotope zu komprimieren und zu erhitzen.[124] Die Forschung im Bereich der Laserfusion, auch als Inertial Confinement Fusion (ICF) bekannt, hat in den letzten Jahren erhebliche Fortschritte gemacht. Bei dieser Methode werden leistungsstarke Laserpulse verwendet, um kleine Brennstoffkapseln mit isotopem Wasserstoff (typischerweise Deuterium und Tritium wie beim Tokamak-Reaktor) zu bestrahlen. Die Energie des Laserlichts erzeugt einen intensiven Druck, der die Kapsel komprimiert und gleichzeitig hohe Temperaturen erreicht.[125]

Ein führendes Forschungszentrum auf dem Gebiet der Laserfusion ist das National Ignition Facility (NIF) am Lawrence Livermore National Laboratory in den USA. Dort wurde versucht, die Bedingungen für eine kontrollierte Kernfusion zu schaffen. Die Forscher streben dabei an,

---

[123] Vgl. https://www.baublatt.ch/baupraxis/iter-der-groesste-fusionsreaktor-der-welt-27265

[124] Vgl. https://www.scinexx.de/news/physik/kernfusion-schafft-die-zuendung/

[125] Vgl. https://www.dpg-physik.de/vereinigungen/fachlich/smuk/fvp/weiterfuehrende-informationen/traegheitseinschluss

mehr Energie aus der Fusion zu gewinnen, als in die Kapsel eingebracht wurde – ein Zustand, der als "Ignition" bezeichnet wird.[126]

Ein großer Vorteil der Kernfusion ist, dass sie keine Treibhausgase oder radioaktive Abfälle produziert und somit eine saubere und nachhaltige Energiequelle darstellt.[127] Obwohl die Kernfusion als vielversprechende Alternative zur Kernspaltung betrachtet wird, gibt es immer noch Herausforderungen bei der Umsetzung von Kernfusionsreaktoren. Insbesondere der Wirkungsgrad der Kernfusion ist derzeit noch eine Schwäche, an der intensiv geforscht wird, um eine effiziente und stabile Kernfusion zu ermöglichen. Ein weiterer wichtiger Aspekt bei der Entwicklung von Kernfusionsreaktoren ist die Auswahl geeigneter Materialien, die den extremen Bedingungen innerhalb des Reaktors standhalten können.

Dennoch gibt es weltweit viele Forschungsprojekte und Experimente, die sich mit der Entwicklung von Kernfusionsreaktoren beschäftigen. Es gibt auch immer mehr Investitionen in diese Technologie und es gibt die Hoffnung, dass in der Zukunft die Kernfusion eine wichtige

---

[126] Vgl. https://www.deutschlandfunk.de/us-forscher-dem-ziel-naeher-erstmals-energie-aus-einer-100.html

[127] Vgl. https://www.kernenergie.ch/de/kernfusion-_content---1--1108.html

Energiequelle sein wird. Einige Experten gehen davon aus, dass eine kommerzielle Nutzung der Kernfusion erst nach 2060 möglich sein wird.[128] Es gibt auch Skeptiker, die glauben, dass die technischen Herausforderungen zu groß sind und dass die Kernfusion nie kommerziell nutzbar sein wird.

Insgesamt ist die Kernfusion eine vielversprechende und saubere Energiequelle, die es ermöglichen kann, die Abhängigkeit von fossilen Brennstoffen zu verringern und den Klimawandel zu bekämpfen. Es gibt jedoch noch Herausforderungen, die überwunden werden müssen, um die Kernfusion als kommerziell verfügbare Energiequelle zu etablieren.

---

128 Vgl. https://www.bundestag.de/resource/blob/710950/9e646e9903ac230c92b90192afde2646/WD-8-144-19-pdf-data.pdf

21

SPEICHERTECHNOLOGIEN UND INTELLIGENTE STROMNETZE

DIe Stromspeicherung ist ein wichtiger Bestandteil der Energiewende und spielt eine entscheidende Rolle bei der Integration von erneuerbaren Energien in das Stromnetz. Da erneuerbare Energien wie Wind- und Solarenergie aufgrund ihrer intermittierenden Natur nicht immer verfügbar sind, ist es wichtig, überschüssige Energie zu speichern und sie bei Bedarf wieder ins Netz einzuspeisen.[129]

Erneuerbare Energien in Kombination mit Speichertechnologien sind derzeit noch teurer als die direkte Nutzung fossiler Brennstoffe. Zudem besteht bei der alleinigen Nutzung erneuerbarer Energiequellen wie Wind und Photovoltaik, die Notwendigkeit von Backup-Kraftwerken, um eine kontinuierliche Stromversorgung zu gewährleisten. Dies führt zu zusätzlichen Kosten und verringert die

---

[129] Vgl. https://solarenergie.de/stromspeicher/arten/stromspeicher-windkraft

Versorgungssicherheit im Vergleich zur Nutzung fossiler Brennstoffe. Eine weitere Herausforderung ist die Skalierbarkeit. Um einen großen Anteil des Strombedarfs zu decken, müssen die Speichersysteme in der Lage sein, große Mengen an Energie aufzunehmen und zu speichern. Dies erfordert oft den Einsatz von großen Speichermedien, was wiederum die Kosten erhöht.

Es gibt jedoch auch viele Entwicklungen und Fortschritte in diesem Bereich und es wird erwartet, dass die Kosten für die Speicherung von Strom aus erneuerbaren Energien in Zukunft sinken, während die Technologien weiter verbessert werden. Regierungen und Unternehmen investieren in die Entwicklung neuer Technologien und es wird erwartet, dass die Speicherkapazität in Zukunft zunehmen wird. Es stehen verschiedene Technologien und Methoden zur Speicherung von Strom, die sich in ihren Anwendungsbereichen, Kosten und Effizienz unterscheiden, zur Verfügung.

Eine der ältesten und am weitesten verbreiteten Technologien zur Speicherung von Strom ist die Verwendung von **Batterien**. Diese Technologie ermöglicht es, Strom aufzunehmen, wenn er verfügbar ist, und ihn dann später zu nutzen, wenn er benötigt wird. Erneuerbare Energien, wie Solarenergie und Windenergie, können mithilfe von Batteriespeichern gespeichert werden, damit er zu einem späteren Zeitpunkt genutzt werden kann. Batteriespeicher können dazu beitragen, die Schwankungen in der Stromerzeugung aus erneuerbaren Energien auszugleichen und die Zuverlässigkeit der Stromversorgung zu erhöhen. Es gibt verschiedene Arten von Batterien, die für verschiedene Anwendungen und Umgebungen geeignet sind, wie zum Beispiel Blei-Säure-Batterien, Lithium-Ionen-Batterien und Natrium-Schwefel-Batterien. Lithium-Ionen-Batterien werden bereits häufig zur Speicherung von erneuerbaren Energien eingesetzt, insbesondere in kleineren Anwendungen wie Solaranlagen für Privathaushalte.

Abbildung 44. Stationärer Energiespeicher

Quelle: redgreystock/Freepik.com

In größeren Anwendungen, wie zum Beispiel **in stationären Energiespeichersystemen** für die Speicherung von erneuerbaren Energien aus Solar- oder Windkraftanlagen, werden Lithium-Ionen-Batterien ebenfalls zunehmend eingesetzt. Sie bieten eine hohe Energiedichte, schnelle Ladezeiten und eine lange Lebensdauer, was sie zu einer attraktiven Option für die Energiespeicherung macht. Es gibt jedoch auch Herausforderungen bei der Speicherung von erneuerbaren Energien. Zum einen sind die Kosten für **Lithium-Ionen-Batterien** im Vergleich zu anderen Speichertechnologien noch relativ hoch. Darüber hinaus sind die begrenzte Verfügbarkeit von Rohstoffen wie Lithium und Kobalt sowie Umwelt- und Sozialprobleme im Zusammenhang mit dem Abbau dieser Rohstoffe auch ein Anliegen. Forschungsprojekte und Entwicklungen zielen darauf ab, die Leistung und Effizienz von Lithium-Ionen-Batterien weiter zu verbessern und ihre Kosten zu senken. Zudem wird zum Beispiel an der Entwicklung von **Festkörper-Lithium-Ionen-Batterien** gearbeitet, die eine höhere Energiedichte und eine längere Lebensdauer bieten könnten.

Darüber hinaus werden auch andere Arten von Batterietechnologien erforscht wie z.B. **Redox-Flow-Batterien**. Diese Batterien sind elektrochemische Batterien, bei denen Energie durch den Fluss von geladenen Molekülen zwischen zwei Elektrolytlösungen gespeichert wird. Im Gegensatz zu herkömmlichen Batterien, bei denen die Energie in einer chemischen Reaktion in den Elektroden gespeichert wird, wird die Energie in Redox-Flow-Batterien in den Elektrolyten gespeichert.[130] Weiterhin gibt es vielversprechende Fortschritte in der Forschung und

---

[130] Vgl. https://www.energie-experten.org/erneuerbare-energien/photovoltaik/stromspeicher/redox-flow-batterie

Entwicklung von Feststoffbatterien. Da in einer Feststoffbatterie keine brennbaren Flüssigkeiten enthalten sind und keine Gefahr der Selbstüberhitzung besteht, ist eine höhere Sicherheit im Vergleich zu herkömmlichen Lithium-Ionen-Batterien mit Flüssigelektrolyten gegeben. „Feststoffbatterien lassen bis zu 100.000 Ladezyklen zu, über 33-fach mehr als eine Lithium-Ionen-Batterie. Die Festelektrolyte erlauben ebenso höhere volumetrische und gravimetrische Energiedichten. Der Effekt: eine Feststoffbatterie braucht weniger Platz, zum Beispiel im Auto oder in elektrischen Consumer-Geräten."[131] Die Technologie der Batteriespeicher entwickelt sich schnell weiter, was zu einer steigenden Nachfrage und sinkenden Kosten führt. Dies trägt dazu bei, dass erneuerbare Energien wie Solarenergie und Windenergie immer wettbewerbsfähiger werden und in Zukunft eine noch größere Rolle in der Stromversorgung spielen könnten. Die Wirtschaftlichkeit und technische Reife dieser Technologie hat sich in den letzten Jahren stark verbessert.[132]

Power-to-Gas (PtG) ist ein Verfahren, bei dem elektrische Energie aus erneuerbaren Quellen in Wasserstoff oder andere gasförmige Kraftstoffe umgewandelt wird. Das Verfahren dient dazu, die Energie aus erneuerbaren Quellen

---

131 https://www.energie-experten.org/erneuerbare-energien/photovoltaik/stromspeicher/feststoffbatterie

132 Vgl. https://www.solaridee.de/salzwasserspeicher/

zu speichern und flexibel einsetzen zu können, da der so erzeugte Wasserstoff oder das Gas in bestehende Gasinfrastrukturen eingespeist werden kann. Es gibt verschiedene Verfahren zur Herstellung von Wasserstoff durch Power-to-Gas, die hauptsächlich auf der Elektrolyse von Wasser basieren. Dabei wird Wasser unter Einsatz von Strom in Wasserstoff und Sauerstoff aufgespalten. Es gibt sowohl alkalische als auch Membran-Elektrolyseverfahren.

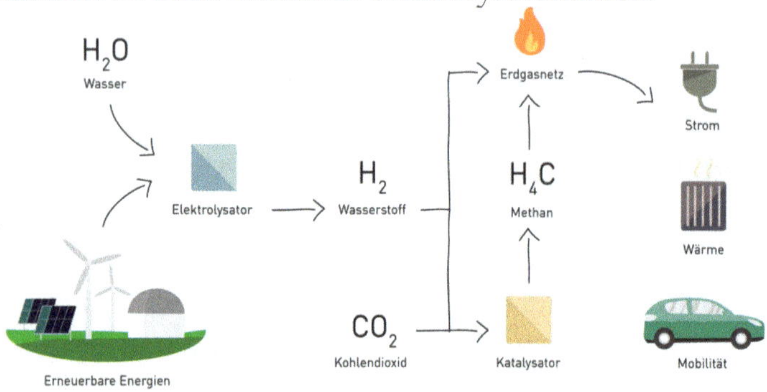

Abbildung 45: Power-to-Gas

Quelle: https://www.interconnector.de/wissen/power-to-gas/ - Interconnector GmbH

Ein weiteres Verfahren ist die Methanisierung, bei der CO_2 und Wasserstoff unter Einsatz von Katalysatoren zu Methan umgewandelt werden. Die Methanisierung von CO_2 und Wasserstoff hat verschiedene Vorteile. Erstens kann sie dazu beitragen, den Kohlenstoffkreislauf zu schließen, indem sie CO_2 aus der Atmosphäre oder aus industriellen Prozessen nutzt. Zweitens kann sie zur Speicherung von überschüssigem erneuerbarem Strom genutzt werden. Wenn beispielsweise Windkraftanlagen oder Solarkraftwerke mehr Strom erzeugen als benötigt wird, kann dieser

Strom zur Elektrolyse von Wasser genutzt werden, um Wasserstoff zu erzeugen. Dieser Wasserstoff kann dann zur Methanisierung von CO_2 genutzt werden, um Methan zu erzeugen, das in das Gasnetz eingespeist oder zur Stromerzeugung genutzt werden kann, wenn die Stromnachfrage hoch ist und das Angebot knapp ist. Power-to-Gas hat viele Vorteile wie die Speicherung von Energie aus erneuerbaren Quellen, die Möglichkeit, überschüssigen Strom aus erneuerbaren Quellen zu nutzen und die Möglichkeit den Wasserstoff oder das Gas in bestehende Gasinfrastrukturen einzuspeisen. Es gibt jedoch auch Herausforderungen wie die hohen Kosten für die Technologie und die Notwendigkeit, die bestehenden Gasinfrastrukturen anzupassen, um den Wasserstoff oder das Gas aufnehmen zu können. In Deutschland und Europa gibt es viele Projekte und Initiativen, die sich mit dem Einsatz von Power-to-Gas beschäftigen. Langfristig kann Power-to-Gas eine wichtige Rolle bei der Energiewende und der Erreichung der Klimaziele spielen.[133]

Eine weitere Speichertechnologie ist die Verwendung von **Pumpspeicherkraftwerken** (Kapitel 15). Diese Kraftwerke nutzen überschüssigen Strom, um Wasser auf eine höhere Ebene zu pumpen, um zu einem späteren Zeitpunkt, wenn Strom benötigt wird, das Wasser durch Turbinen strömen zu lassen, um Strom zu erzeugen. Obwohl diese

---

[133] Vgl. https://www.kesselheld.de/power-to-gas/

Technologie eine hohe Speicherkapazität bietet, erfordert sie große Mengen an Wasser und eine geeignete Topographie, um erfolgreich eingesetzt zu werden. Leider entstehen keine neuen Pumpspeicherkraftwerke mehr. In den letzten zehn Jahren wurden zehn Projekte geplant und dann wieder aufgegeben. Diese Vorhaben wurden aus wirtschaftlichen Gründen auf Eis gelegt, da sie für die Energieversorger nicht rentabel waren. Pumpspeicherwerke erweisen sich als wenig profitabel und lassen sich nicht gewinnbringend betreiben. 2003 ist kein neues Pumpspeicherkaftwerk mehr an Netz gegangen.[134]

Eine weitere Technologie ist die Verwendung von **„Fly-Wheel Energy Storage Systems“**, kurz: FESS oder deutsch „Schwungradspeicher“ (Abbildung 46). Diese Technologie nutzt eine Maschine, die sich schnell dreht, um Energie in Form von kinetischer Energie (Bewegungsenergie) zu speichern. Wenn Strom benötigt wird, wird die kinetische Energie genutzt, um einen Generator anzutreiben und Strom zu erzeugen. Schwungradspeicher können im Gegensatz zu üblichen chemischen Akkus ca. 100.000 Ladezyklen überstehen, während moderne Lithium-Ionen-Akkus heutzutage nur ca. 4.000 Ladezyklen schaffen. Der Rotor kann sich mit 5.000 bis 10.000 Umdrehungen pro Minute drehen. Allerdings haben Schwungradspeicher auch einige Nachteile. Sie sind teurer als andere

134 Vgl. https://www.kas.de/de/web/die-politische-meinung/blog/detail/-/content/ohne-energiespeicher-keine-gelingende-energiewende

Speichertechnologien wie Batterien und besitzen nur eine halb so hohe Energiedichte wie Lithium-Ionen-Akkus. „[...] Die Ruheverluste sind sehr hoch und können bis zu 20 Prozent pro Stunde betragen. Die Ruheverluste entstehen zum Beispiel durch Reibungsverluste an den Lagern und am Schwungrad. Man mindert sie, wenn man das Schwungrad in einer Vakuumkammer laufen lässt.

Abbildung 46: Schwungradspeicher

Quelle: https://tu-dresden.de/tu-dresden/newsportal/news/meilenstein-in-der-energiewende-wissenschaftler-innen-der-tu-dresden-bauen-einzigartigen-energiespeicher - Technische Universität Dresden

Oder man nutzt Magnetlager mit Supraleitern, deren Verluste geringer sind als die von Wälz- oder Gleitlagern. Als Nachteil kreidet man den Schwungradspeichern an, dass für ihren Betrieb eine aufwendige Kühlung nötig ist."[135] Da sie über eine gewisse Zeit an Rotationsenergie verlieren, sind sie auch nicht als Langzeitspeicher, sondern nur als Kurzzeitspeicher geeignet. In Bezug auf die Wirtschaftlichkeit und der technischen Reife, gibt es noch viel Raum für Verbesserungen, damit diese für erneuerbare Energien wie Windkraft- und Photovoltaik zum Einsatz kommen können.[136] Schwungräder sind eine gute Alternative gegenüber Batterien, auch wenn nur kurzzeitige Speicherungen möglich sind.

Druckluftspeicher stellen eine Technologie dar, die zur Speicherung von Energie genutzt werden. Insbesondere in Verbindung mit erneuerbaren Energiequellen wie Wind- und Solarenergie können diese zum Einsatz kommen. Diese Technologie nutzt überschüssige elektrische Energie, um Druckluft in speziellen Behältern zu komprimieren und z. B. in tief unter der Erde gelegenen Salzkavernen zu speichern.[137] Die gespeicherte Druckluft wird bei Bedarf genutzt, um elektrische Energie zu erzeugen, indem sie durch einen Expander, also im Grunde einer Turbine,

---

135 https://www.energie-experten.org/erneuerbare-energien/oekostrom/energiespeicher#c17315

136 Vgl. https://www.energie-experten.org/erneuerbare-energien/oekostrom/energiespeicher#c17315

137 Vgl. https://www.konstruktionspraxis.vogel.de/china-setzt-fuer-energiewende-auf-neuartigen-druckluftspeicher-a-1067601/

geleitet wird, die mit einem Generator gekoppelt ist, der wiederrum Strom erzeugt. Man unterscheidet zwischen adiabatischen und diabatischen Druckluftspeichern. Der adiabatische Druckluftspeicher speichert Energie durch Kompression von Luft, ohne Wärme an die Umgebung abzugeben. Durch die Kompression wird physikalisch bedingt die Temperatur der Luft erhöht. Dadurch, dass die Wärme gespeichert werden kann, führt dies zu einem höheren Wirkungsgrad und einem geringeren Energieverlust im Vergleich zum diabatischen Druckluftspeicher. Der diabatische Druckluftspeicher hingegen gibt während des Kompressionsprozesses Wärme an die Umgebung ab. Bei der Expansion der Luft ist es wichtig, dass der Expander mit heißer Luft durchströmt wird, damit dieser nicht einfriert.

Abbildung 47: Adiabatischer Druckluftspeicher

Gefunden auf: https://www.forschung-und-wissen.de/nachrichten/technik/100-megawatt-druckluftspeicher-in-china-in-betrieb-gegangen-13376730 - Originalquelle: Chinese Academy of Sciences

Bei der diabatischen Expansion muss die Luft z. B. über das Verbrennen von Gas wieder erwärmt werden.
Dieses System, das bereits seit 1978 in Deutschland existiert, weist aufgrund dieser Eigenschaft einen niedrigeren Wirkungsgrad auf und hat infolgedessen einen höheren Energieverlust. Diabatische Druckluftspeicher weisen einen Wirkungsgrad von ca. 42 % auf, während adiabate Druckluftspeicher einen Wirkungsgrad von 70 % erreichen können.

2022 ging ein chinesischer Druckluftspeicher in Betrieb der den eben genannten hohen Wirkungsgrad erreicht. Druckluftspeicher haben einige Vorteile gegenüber anderen Technologien zur Energiespeicherung, insbesondere im Zusammenhang mit erneuerbaren Energiequellen.[138] Sie sind kosteneffizient, einfach zu installieren und wartungsarm. Darüber hinaus kann die gespeicherte Energie schnell bereitgestellt werden, wenn sie benötigt wird, was sie ideal für den Einsatz in Verbindung mit intermittierenden Energiequellen wie Wind- und Solarenergie macht. Druckluftspeicher sind eine etablierte Technologie, die seit vielen Jahren eingesetzt wird. Allerdings wird ständig weitergeforscht und entwickelt, um die Effizienz und Leistung von Druckluftspeichern zu verbessern und ihre Anwendungsbereiche zu erweitern.

---

[138] Vgl. https://www.forschung-und-wissen.de/nachrichten/technik/100-megawatt-druckluftspeicher-in-china-in-betrieb-gegangen-13376730

Das Smart Grid, oder auch intelligentes Stromnetz, ist ein zentraler Baustein der Energiewende. Es ermöglicht den effizienten Einsatz erneuerbarer Energien, indem es den Stromverbrauch und die Stromproduktion auf eine intelligente und flexible Art und Weise miteinander verknüpft. Im Gegensatz zu herkömmlichen Stromnetzen, die den Strom in einer Richtung vom Kraftwerk zu den Verbrauchern fließen lassen, ermöglicht das Smart Grid eine bidirektionale Stromübertragung. Das bedeutet, dass nicht nur die großen Energieversorger den Strom produzieren und an die Verbraucher liefern, sondern auch private Haushalte, Gewerbebetriebe oder Landwirte Strom ins Netz einspeisen und verkaufen können.

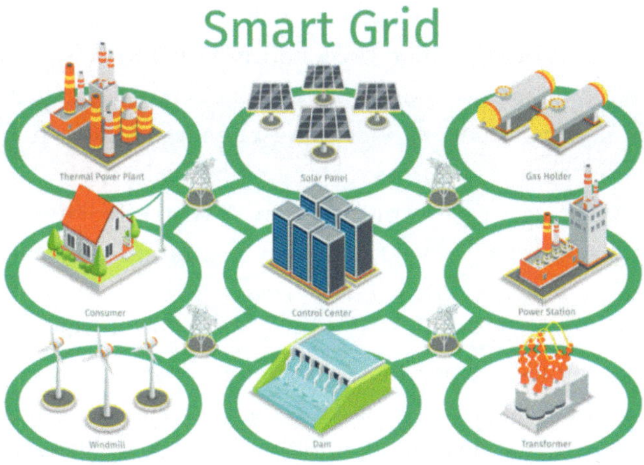

Abbildung 48: Intelligentes Stromnetz "Smart Grid"

Quelle: macrovector/freepik.com

Das Smart Grid kann also als eine Art "Internet der Energie" betrachtet werden, dass Stromerzeuger, Speicher, Verbraucher und Netzbetreiber intelligent miteinander vernetzt. Durch die digitale Vernetzung kann das Smart Grid den Stromverbrauch in Echtzeit messen und steuern, um so eine bessere Balance zwischen Stromproduktion und-nachfrage zu erreichen. Dies ist besonders wichtig, da erneuerbare Energien wie Wind und Sonne schwankend und nicht immer zuverlässig verfügbar sind. Ein wichtiger Aspekt des Smart Grids ist die Speicherung von überschüssigem Strom. Hierbei können Elektroautos, stationäre Batteriespeicher oder auch Wärmepumpen als flexible Energiespeicher dienen. Durch eine intelligente Steuerung kann der überschüssige Strom in diesen Speichern zwischengelagert und bei Bedarf wieder ins Netz eingespeist werden. Zudem können sogenannte "Demand Response"-Systeme genutzt werden, um flexible Verbrauchergeräte wie Waschmaschinen oder Kühlschränke so zu steuern, dass sie dann laufen, wenn besonders viel erneuerbarer Strom verfügbar ist. Damit das Smart Grid effizient funktioniert, müssen jedoch noch viele Herausforderungen gemeistert werden. Eine wichtige Frage ist zum Beispiel, wie der Netzausbau gestaltet werden muss, damit Strom problemlos eingespeist werden kann. Hier müssen Netzbetreiber und Politik gemeinsam an Lösungen arbeiten, um den Netzausbau zu optimieren und das Smart Grid flächendeckend auszubauen. Auch die Datensicherheit und Datenschutz sind wichtige Aspekte, die bei der Vernetzung von Stromnetzen berücksichtigt werden müssen. Insgesamt bietet das Smart Grid jedoch enorme Chancen, um die Energiewende voranzutreiben und eine nachhaltige

Energieversorgung zu ermöglichen.[139] Es ist eine zentrale Technologie, um erneuerbare Energien effizient zu nutzen und eine klimafreundliche Zukunft zu gestalten.

---

[139] Vgl. https://www.all-electronics.de/elektronik-entwicklung/smart-grids-alles-wichtige-zum-stromnetz-der-zukunft-33-604.html

22

ERNEUERBARE ENERGIEN IN GEBÄUDEN

Erneuerbare Energien sind ein wichtiger Bestandteil der Energieversorgung von Gebäuden. Dazu gehören Technologien wie Solarthermie, Photovoltaik, Wärmepumpen und Biomasse-Heizungen.

Solarthermie (s. Kapitel 14) nutzt die Wärmeenergie der Sonne, um Warmwasser aufzubereiten und Heizwärme für Räume zur Verfügung zu stellen. Solarkollektoren werden auf dem Dach installiert und sammeln die Sonnenenergie, die dann an einen Wärmetauscher, der sich in einem Solarspeicher befindet, übertragen wird. Solarthermie eignet sich besonders gut für die Erwärmung von Wasser und die Unterstützung der Raumbeheizung, insbesondere in sonnenreicheren Gebieten.

Photovoltaik (s. Kapitel 13) werden auf dem Dach installiert und wandeln die Sonnenenergie in elektrischen Strom um. Der erzeugte Strom kann entweder direkt genutzt, gespeichert oder in ein Stromnetz eingespeist werden. Photovoltaik eignet sich besonders gut für die

Stromeinspeisung und die Unterstützung der Stromversorgung, insbesondere in sonnenreicheren Gebieten.

Abbildung 49: Luft-Wasser-Wärmepumpe beheizt ein Einfamilienhaus

Quelle: https://www.vaillant.ch/privatkunden/produkte/luft-wasser-warmepumpe-a-rotherm-plus-51456.html - Vaillant GmbH

Wärmepumpen (s. Kapitel 23) nutzen die Wärmeenergie aus der Umgebung, um Warmwasser aufzubereiten und Räume in Gebäuden zu erwärmen. Es gibt verschiedene Arten von Wärmepumpen, wie z. B. Luft-Wasser, Sole-Wasser- und Wasser-Wasser-Wärmepumpen. Wärmepumpen können in Kombination mit Solarthermie oder Photovoltaik eingesetzt werden.

Windkraftanlagen (s. Kapitel 12), wie beispielsweise große Windturbinen in Windparks oder einzeln aufgestellt, sind heutzutage bekannt. Es gibt jedoch auch kleinere lokale Lösungen, die allerdings nur bei ausreichend hohem Windvorkommen effektiv sind. Mit Hilfe von Windkraftanlagen kann elektrische Energie erzeugt werden, die in Gebäuden für verschiedenste Zwecke genutzt werden kann.

Biomasse-Heizungen (s. Kapitel 17) nutzen biologische Materialien wie Holz, Pellets oder Hackschnitzel als Brennstoff. Diese kommen meist für ländliche Gebiete, in denen diese Materialien verfügbar sind, zum Einsatz. Biomasse-Heizungen können sowohl für die Raumheizung als auch für die Warmwasserbereitung verwendet werden.

Erneuerbare Energien in Gebäuden können wirtschaftlich vorteilhaft sein, da sie langfristig gesehen Kosteneinsparungen durch die Verringerung des Energieverbrauchs ermöglichen. Sie können auch dazu beitragen, die Abhängigkeit von fossilen Brennstoffen zu verringern und die Energieversorgungssicherheit zu erhöhen. Zusätzlich können sie dazu beitragen, die Emissionen von Treibhausgasen zu reduzieren und somit einen Beitrag zur Bekämpfung des Klimawandels zu leisten.

23

WÄRMEPUMPEN

Wärmepumpen sind eine Technologie, die Wärmeenergie aus der Umwelt gewinnt und diese zur Erwärmung von Gebäuden und Aufbereitung von Warmwasser verwendet wird. Sie funktionieren nach dem Prinzip der thermodynamischen Kältemaschine, indem sie Wärmeenergie aus einer niedrigeren Temperaturquelle in eine höhere Temperaturquelle übertragen. Es gibt verschiedene Arten von Wärmepumpen, die für unterschiedliche Anwendungen und Umgebungen geeignet sind.

Die häufigste Art von Wärmepumpen ist die Luft-Wasser-Wärmepumpe (Abbildung 49). Dieser Typ nutzt die Wärmeenergie in der Außenluft, um Wasser zu erwärmen, das dann zur Heizung und Warmwasserbereitung verwendet wird. Sie können sowohl als Hauptheizungsquelle als auch als Unterstützung für bestehende Heizsysteme verwendet werden.

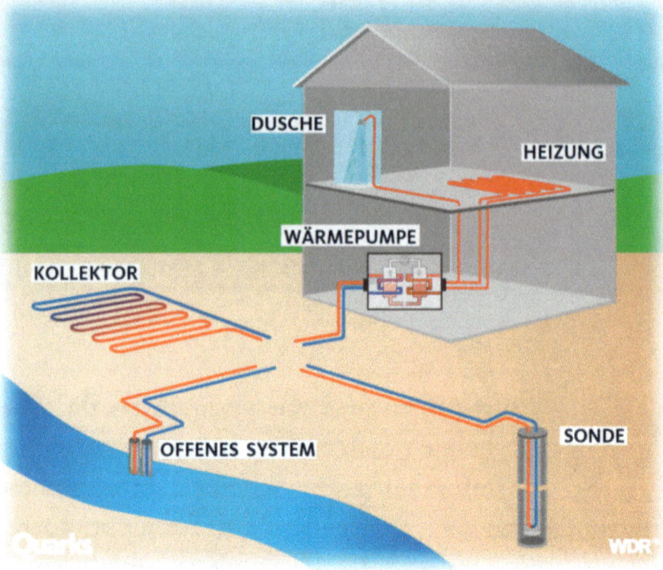

Abbildung 50: Diverse Geothermiequellen für Wärmepumpen

Gefunden auf: https://www.quarks.de/technik/energie/geothermie-unendliche-waerme-aus-der-tiefe/ - Originalquelle: WDR

Ein weiterer Typ ist die Wasser-Wasser-Wärmepumpe. Diese Art nutzt die Wärmeenergie im Grund- oder Oberflächenwasser, um im Gebäude Warmwasser aufzubereiten und Raumwärme zu Verfügung zu stellen. Sie sind besonders geeignet für den Einsatz in Gebieten mit viel Wasserressourcen. Da die Quellentemperatur mit 8 – 12 °C über das Jahr gesehen nahezu konstant ist, ist diese Art von Wärmepumpe eine der effizientesten auf dem Markt.[140]

„[Sole-Wasserwärmepumpen] nutzen die Wärme des Erdbodens und erfordern umfangreiche Installationsarbeiten. Je nach Standort [gibt es] die Wahl zwischen Erdkollektoren, deren Tiefe zumindest die Frostgrenze unterschreitet und Tiefenbohrungen von bis zu 100 Metern. Mit zunehmender Tiefe steigen die Temperaturen an. [...] Durch die Leitungen der Kollektoren fließt nicht das Kältemittel, sondern die namensgebende Sole - eine frostsichere Flüssigkeit. Von ihr geht dann die Wärme auf das Kältemittel über."[141] „Die jahreszeitenabhängige Temperatureinwirkung, auch Jahresgang genannt, geht mit zunehmender Tiefe zurück. In etwa 20 Metern Tiefe herrscht ein Gleichgewichtszustand zwischen Außen- und Innentemperatur der Erde. Dort sind die klimatisch bedingten Schwankungen nicht mehr feststellbar und die Temperatur entspricht ganzjährig der Jahresmitteltemperatur am jeweiligen Standort. In Deutschland betragen die Temperaturen in 10-20 Metern Tiefe daher ca. 8-12 °C. Mit zunehmender Tiefe steigt die Temperatur entsprechend dem

---

[140] Vgl. https://www.stiebel-eltron.de/de/home/produkte-loesungen/erneuerbare_energien/waermepumpe/ratgeber/grundwasserwaermepumpe.html

[141] https://www.dein-heizungsbauer.de/ratgeber/bauen-sanieren/waermepumpe-arten/

terrestrischen Wärmestrom aus der Tiefe und dem daraus resultierenden geothermischen Gradienten an."[142]

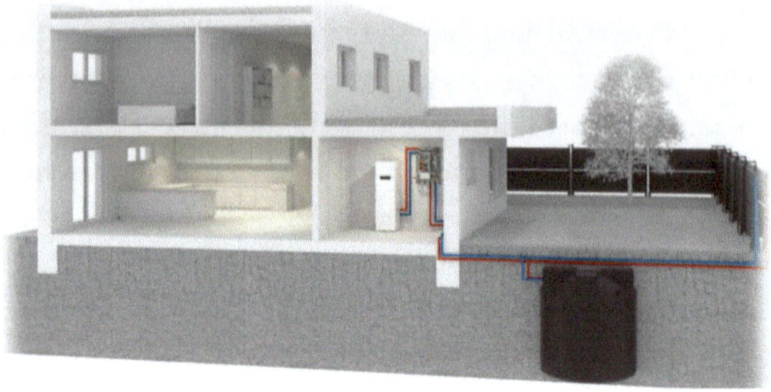

Abbildung 51: Eisspeicher mit Energiezaun

Quelle: https://www.viessmann.de/de/produkte/waermepumpe/vitoset-eis-energie-speicher.html - Viessmann Climate Solutions SE

Eine weitere Wärmequelle, die eher selten für Wärmepumpen zum Einsatz kommt, ist der sogenannte Eisspeicher. „Ein Eisspeicher besteht aus einer Zisterne, die komplett unter der Erdoberfläche vergraben wird. Die Zisterne selbst ist meist aus Beton und nicht isoliert."[143] „Durch diese fließt eine frostsichere Flüssigkeit, die dem Wasser im Speicher die Wärme entzieht. Selbst wenn die Temperatur des Wassers unter den Gefrierpunkt sinkt,

---

142 https://www.geothermie.de/geothermie/einstieg-in-die-geothermie/der-ursprung-der-geothermischen-energie.html

143 https://www.viessmann.de/de/wissen/technik-und-systeme/eisspeicher.html

kann das System weiter Energie gewinnen. Im Verlauf des Gefrierprozesses, während dem die Temperatur des Wassers konstant bei 0 °C liegt, wird die so genannte Kristallisationswärme frei. Die Energie, die das Wasser in dieser Phase freisetzt, ist enorm. Mit der Wärme, die das Wasser während des Gefrierprozesses bis zur vollständigen Erstarrung abgibt, könnte man dieselbe Menge Wasser von 0 auf 80°C erhitzen."[144] Über eine solarthermische Anlage oder über sogenannte Energiezäune wird dem Eisspeicher wieder Wärme hinzugeführt, sodass sich dieser regeneriert. Auch über das Erdreich wird Wärme gewonnen, die von der Zisterne aufgenommen wird.

Der Kältekreislauf der Wärmepumpe ist der Prozess, bei dem die Wärmepumpe Wärmeenergie aus der Umgebung entzieht und diese Energie dann verwendet, um ein Gebäude zu heizen. Der Kältekreislauf besteht aus vier Hauptkomponenten: dem Verdampfer, dem Kompressor, dem Kondensator und dem Ausdehnungsventil.

1. Verdampfer: Der Verdampfer ist die erste Komponente im Kältekreislauf der Wärmepumpe. In diesem Teil wird das Kältemittel, das in gasförmigem Zustand vorliegt, in den Verdampfer eingeführt. Der Verdampfer befindet sich außerhalb des

---

144 https://www.waermepumpe.de/waermepumpe/funktion-waermequellen/eisspeicher/

Gebäudes und nimmt die Wärmeenergie aus der Umgebung auf. Während das Kältemittel Wärme aufnimmt, verdampft es und wandelt sich von einem flüssigen in einen gasförmigen Zustand.

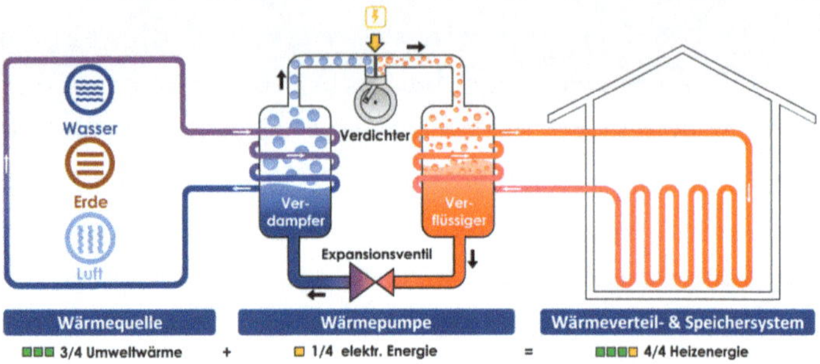

Abbildung 52: Funktionsweise einer Wärmepumpe mit diversen Wärmequellen

Quelle: https://www.carmen-ev.de/2020/10/10/waermepumpe-heizen-mit-umwelt-waerme/ - C.A.R.M.E.N. e.V

2. Kompressor: Nachdem das Kältemittel verdampft ist, wird es durch den Kompressor gepumpt. Der Kompressor erhöht den Druck des gasförmigen Kältemittels und erhöht somit seine Temperatur.

3. Kondensator: Das erhitzte Kältemittel wird dann in den Kondensator gepumpt, der sich ebenfalls außerhalb des Gebäudes befindet. Im Kondensator gibt das Kältemittel die aufgenommene Wärmeenergie an die Umgebung ab und kondensiert wieder zu einem flüssigen Zustand.

4. Ausdehnungsventil: Nachdem das Kältemittel im Kondensator kondensiert ist, wird es durch ein Ausdehnungsventil geleitet, das den Druck des Kältemittels reduziert. Dadurch verdampft das Kältemittel erneut und der Kältekreislauf beginnt von vorn.[145]

Durch diesen Kreislauf wird die Wärmeenergie aus der Umgebung genommen und verwendet, um ein Gebäude zu heizen. Eine Wärmepumpe kann auch Kälte erzeugen, indem der Kältekreislauf umgekehrt wird und die Wärmeenergie aus dem Gebäude entfernt wird.

Die Effizienz einer Wärmepumpe ist entscheidend für ihre wirtschaftliche und umweltfreundliche Leistung. Zwei wichtige Kennzahlen, der Coefficient of Performance (COP) und die Jahresarbeitszahl (JAZ), bieten Einblicke in diese Effizienz.

- Der COP (Coefficient of Performance) ist eine Kennzahl, die angibt, wie effizient eine Wärmepumpe in einem bestimmten Betriebspunkt arbeitet. Ein höherer COP bedeutet, dass die Wärmepumpe mehr Wärme erzeugt, während sie weniger elektrische Energie verbraucht. Ist die Quellentemperatur hoch und die Vorlauftemperatur

---

[145] Vgl. (Bonin, 2023, S. 18f)

niedrig, so ist der COP-Wert hoch. Ist die Quellentemperatur niedrig und die Vorlauftemperatur hoch ist der COP-Wert niedriger. Zum Beispiel bedeutet ein COP von 4, dass die Wärmepumpe 4 kWh Wärme erzeugt, indem sie nur 1 kWh elektrische Energie verbraucht.

- Die JAZ (Jahresarbeitszahl) hingegen bewertet die Effizienz einer Wärmepumpe über das gesamte Jahr hinweg und ergibt sich somit aus verschiedenen Betriebspunkte mit unterschiedlichen Quellen- und Vorlauftemperaturen. Sie berücksichtigt den gesamten Energieverbrauch und die Wärmeabgabe der Wärmepumpe während verschiedener Jahreszeiten, wodurch sie einen umfassenden Überblick über die Effizienz bietet.

Angenommen, eine Wärmepumpe weist eine Jahresarbeitszahl (JAZ) von 3 auf. In einem durchschnittlichen deutschen Einfamilienhaus mit einem Verbrauch von etwa 25.000 kWh pro Jahr wäre ein elektrischer Energiebedarf von 8.333 kWh pro Jahr (25.000 kWh geteilt durch 3 (JAZ)) erforderlich. Bei einem heutigen Strompreis von 0,32 € pro kWh belaufen sich die Kosten auf 0,107 € pro erzeugte kWh Wärme. Somit würden sich die jährlichen Energiekosten für das Einfamilienhaus auf 2.666 € belaufen. Dieses Beispiel verdeutlicht, wie die JAZ als Kennzahl genutzt werden kann, um die Wirtschaftlichkeit und Effizienz einer Wärmepumpe in Bezug auf die Kosten für die erzeugte Wärme zu bewerten. Heutzutage gibt es Möglichkeiten,

Anlagen zu simulieren, die die JAZ berechnen können und somit die Wirtschaftlichkeit einer Wärmepumpe berücksichtigen können. Es ist jedoch wichtig zu beachten, dass die tatsächlichen Werte von verschiedenen Faktoren abhängen, darunter die thermische Beschaffenheit des Gebäudes, die Heizungsanlage (Fußbodenheizung, Heizkörper etc.) und die Effizienz der jeweiligen Wärmepumpe.

Wärmepumpen gelten aufgrund ihrer Fähigkeit, Wärmeenergie aus der Umwelt zu gewinnen, als äußerst effizient. Diese Effizienz ermöglicht nicht nur die Senkung der Energiekosten, sondern trägt auch zur Reduzierung von CO2-Emissionen bei. Es ist jedoch zu beachten, dass der Einbau von Wärmepumpen nicht in allen Gebäuden sinnvoll ist und daher nicht immer zu einer CO2-Reduzierung beitragen kann.

Eine genaue Betrachtung des CO2-Emissionsfaktors des Strommixes in Deutschland im Jahr 2022 zeigt eine erfreuliche Entwicklung: Mit 434 Gramm pro Kilowattstunde liegt dieser Wert deutlich unter den 764 Gramm pro Kilowattstunde im Jahr 1990, was einem Rückgang von etwa 43,2 % entspricht.[146] Nebenbei bemerkt lag dieser Wert

146 Vgl. https://de.statista.com/statistik/daten/studie/38897/umfrage/co2-emissionsfaktor-fuer-den-strommix-in-deutschland-seit-1990/

2022 in Frankreich bei 85 g/kWh[147] mit 56 Kernkraftwerken in Betrieb.[148] Trotz dieser positiven Entwicklung ist zu betonen, dass unrealistische Erwartungen an die Jahresarbeitszahlen (JAZ) von Wärmepumpen im Bereich von 5 bis 6, wie sie bei hoch effizienten Gebäuden der Energieeffizienzklassen 55 oder 40 erreicht werden, in bestehenden, undichten Gebäuden ohne ausreichende Dämmung nicht erfüllt werden können.[149] In der Realität kann die JAZ in solchen Bestandsgebäuden im Winter bei extremen Kältebedingungen sogar auf Werte um einen COP-Wert von nur 2 sinken. Teilt man den CO2-Emissionsfaktor von 434 g/kWh durch 2 (COP) werden 217 Gramm pro Kilowattstunde CO2 ausgestoßen. Dies entspricht in etwa den Emissionswerten einer Gasheizung mit 201 g/kWh CO2.[150] In einigen älteren Bestandsgebäuden können diese Werte sogar noch niedriger sein. Daher wird die Notwendigkeit betont, im Strommix verstärkt auf erneuerbare Energien

---

147 Vgl. https://de.statista.com/statistik/daten/studie/1421117/umfrage/emissionen-strom-deutschland-und-frankreich/

148 Vgl. https://de.statista.com/statistik/daten/studie/1307232/umfrage/anzahl-der-atomkraftwerke-in-frankreich/

149 Vgl. https://www.haustec.de/heizung/waermepumpen/warum-waermepumpen-auch-im-bestand-funktionieren

150 Vgl. https://www.verbraucherzentrale.de/wissen/energie/heizen-und-warmwasser/klimapaket-hier-berechnen-sie-den-co2preis-ihrer-heizkosten-43806

zu setzen, um eine nachhaltige und effiziente Wärmeversorgung zu gewährleisten.

Zusätzlich ist zu berücksichtigen, dass der durchschnittliche Strompreis zum Stand vom 08.02.2024 bei 32 Cent pro Kilowattstunde[151] liegt, was zu Kosten führt, die nicht unerheblich sind. Im Vergleich dazu beträgt der aktuelle Gaspreis für Neukunden bei lediglich 7 Cent pro Kilowattstunde.[152] Aufgrund dieser erheblichen Preisunterschiede kann sich die Gasheizung als kostengünstigere Option erweisen. Um wirtschaftlich konkurrenzfähig zu sein, müsste die Wärmepumpe eine Jahresarbeitszahl (JAZ) von mindestens 4,6 (32 ct pro kWh geteilt durch 7 ct pro kWh) aufweisen, um im Betrieb kostengünstiger zu sein als eine Gasheizung. Die Kosten für die Anschaffung z. B. einer Luft-Wasser-Wärmepumpe sind zudem deutlich höher und belaufen sich in der Regel auf das Zwei- bis Dreifache im Vergleich zu einer Gasheizung. Sole-Wasser-Wärmepumpen weisen noch höhere Kosten auf, sind jedoch effizienter. Dies verdeutlicht die finanzielle Herausforderung, die mit dem Betrieb von Wärmepumpen einhergeht, und unterstreicht vor Einbau die Wichtigkeit einer sorgfältigen Kosten-Nutzen-Analyse bei der Entscheidung für eine bestimmte Heizungsart.

---

151 Vgl. https://www.verivox.de/strom/verbraucheratlas/strompreise-weltweit/

152 Vgl. https://www.verivox.de/gas/gaspreisentwicklung/

Weiterhin ist bei der Investition wichtig zu beachten, dass die bestehende Heizungsanlage geprüft werden muss, ob die vorhandenen Heizkörper ausreichend Heizfläche aufweisen. Möglicherweise könnte durch den Austausch einiger Heizkörper mit niedrigeren Vorlauftemperaturen gearbeitet werden. In manchen Fällen kann auch der nachträgliche Einbau einer Fußbodenheizung sinnvoll sein, beispielsweise durch das Fräsen in den vorhandenen Estrich, um dort die Rohrleitungen einzubetten.[153] Ein hydraulischer Abgleich ist ebenfalls erforderlich, was eine gewisse Investitionssumme mit sich bringt.

Die Nachteile lassen sich kurz wie folgt zusammenfassen:

- Eine Anfangsinvestition ist erforderlich, die potenziell höher ausfallen kann im Vergleich zu herkömmlichen Heizsystemen.

- Bei Vorlauftemperaturen über 50 °C sind Wärmepumpen tendenziell unwirtschaftlich und ineffizient[154]

---

[153] Vgl. https://www.heizung.de/ratgeber/fussbodenheizung/fussbodenheizung-fraesen-voraussetzungen-und-preise.html

[154] (Bonin, 2023, S. 81)

- Die Effizienz von Wärmepumpen ist stark abhängig von der Umgebungstemperatur und erreicht ihre optimale Leistung bei milden Temperaturen.

- Die Installation erfordert ausreichend Platz, insbesondere größere Warmwasserspeicher und in den meisten Fällen Pufferspeicher.

Ein weiteres Problem, das bei Wärmepumpen auftreten kann, ist die Verwendung von Kältemitteln. Einige Kältemittel, die in Wärmepumpen verwendet werden, können schädlich für die Umwelt sein. Beispiele für diese sind Fluorchlorkohlenwasserstoffe (FCKW). Es gibt jedoch auch umweltfreundlichere Alternativen, die verwendet werden können, wie zum Beispiel natürliche Kältemittel wie Propan (R290) oder Ammoniak (R717).[155]

In Zukunft wird erwartet, dass die Verwendung von natürlichen Kältemitteln in Wärmepumpen zunehmen wird, um die Umweltauswirkungen zu minimieren und die Energieeffizienz zu maximieren. Auch der Einsatz von Wärmepumpen in Kombination mit erneuerbaren Energiesystemen, wie zum Beispiel Photovoltaik-Systemen, nimmt zu. Dadurch werden eine höhere Energieeffizienz und Unabhängigkeit von fossilen Brennstoffen erreicht.

---

[155] Vgl. https://www.viessmann.de/de/wissen/technik-und-systeme/waermepumpe/propan.html

Ein weiterer Trend in der Zukunft wird es sein, Wärmepumpen zu verwenden die Wärme und Kälte zu produzieren, was die Vielseitigkeit und Behaglichkeit in Gebäuden für die Nutzer erhöht. Diese Art von Wärmepumpen werden als „reversible Wärmepumpen" bezeichnet und können sowohl im Sommer als auch im Winter verwendet werden, um das Gebäude zu kühlen und zu heizen. Sole-Wasser- und Wasser-Wasser-Wärmepumpen haben die Möglichkeit das Gebäude im Sommer passiv z. B. über die Fußbodenheizung zu kühlen. Dazu wird lediglich kaltes Wasser durch die Fußbodenheizungsflächen geschickt, wozu nicht einmal die Wärmepumpe aktiviert werden muss. Die aus den Räumen aufgenommene Wärme wird an die kälteren Erdschichten oder an das kältere Grundwasser abgegeben. Auch Eisspeicher können regeneriert werden, in dem die Wärme aus dem Gebäudeinneren aus den Räumen abgeführt und der Zisterne zugeführt wird.

Unter den Luft-Wasser-Wärmepumpen finden sich Modelle, die aktiv zur Kühlung von Gebäuden beitragen können. In diesem Fall wird der Kältekreislauf der Wärmepumpe umgekehrt, wodurch die Wärme aus den Innenräumen an die Außenluft abgegeben wird. Da die Temperaturen im Gebäude im Sommer niedriger sind als draußen, erfordert dieser Vorgang die Zufuhr von elektrischem Strom zur Wärmepumpe. Auf diese Weise kann die in den Räumen abgeführte Energie effizient an die wärmere Außenluft abgegeben werden. Hierbei kann eine Photovoltaik-Anlage besonders unterstützend wirken, da im Sommer ausreichend Sonnenenergie verfügbar ist.

Insgesamt bietet die Wärmepumpentechnologie eine Vielzahl von Vorteilen und Anwendungen und hat das Potenzial, eine wichtige Rolle in der Energieversorgung der Zukunft zu spielen. Es ist jedoch wichtig, die spezifischen Anforderungen und Gegebenheiten des jeweiligen Standorts und Einsatzbereichs zu berücksichtigen, bevor ein Wärmepumpensystem installiert wird. Auch die Wahl des richtigen Kältemittels ist von großer Bedeutung, um die Umweltauswirkungen zu minimieren.

24

BLOCKHEIZKRAFTWERKE

Ein Blockheizkraftwerk (BHKW) ist eine modulare Anlage, die zur gleichzeitigen Erzeugung von elektrischer Energie und Wärme genutzt wird. Es wird vorzugsweise am Ort des Wärmeverbrauchs betrieben und kann sogar Nutzwärme in ein Nahwärmenetz einspeisen. Die Funktionsweise beruht auf dem Prinzip der Kraft-Wärme-Kopplung. Typischerweise werden BHKW in Gebäuden oder industriellen Anlagen installiert, um eine energieeffiziente und umweltfreundliche Energieversorgung sicherzustellen. In Kapitel 17 wird darauf hingewiesen, dass BHKW auch in Biogasanlagen eingesetzt werden, um Strom und Wärme aus dem vor Ort produzierten Biogas zu erzeugen. Der erzeugte Strom wird in das Stromnetz eingespeist, während die erzeugte Wärme beispielsweise in ein Nahwärmenetz eingespeist werden kann, um nahe gelegene Gebäude zu versorgen.

Ein Blockheizkraftwerk besteht aus einem Motor oder einer Turbine, einem Generator und einem Wärmetauscher. Der Motor oder die Turbine wird mit einem Brennstoff wie Gas, Öl oder Biomasse betrieben, um eine

Drehbewegung zu erzeugen. Der Generator wandelt diese Bewegungsenergie in elektrischen Strom um, während der Wärmetauscher die dabei entstehende Abwärme nutzt, um Wasser oder Dampf zu erzeugen, der zur Beheizung von Gebäuden oder zur Produktion von Prozesswärme verwendet wird.

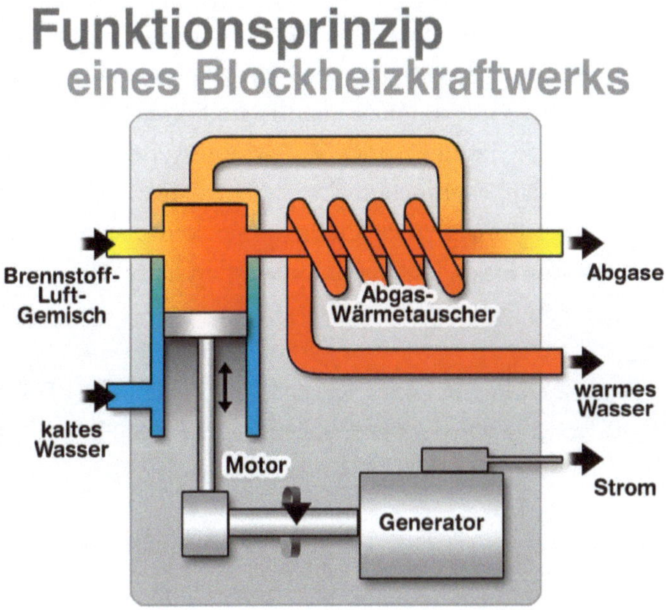

Abbildung 53: Funktionsprinzip eines Blockheizkraftwerks

Quelle: https://www.heizsparer.de/heizung/heizungssysteme/bhkw/bhkw-faq - Anondi GmbH

Der erzeugte Strom kann entweder direkt vor Ort genutzt werden, um den Energiebedarf des Gebäudes oder der Anlage zu decken oder in das öffentliche Stromnetz eingespeist werden. Wenn der Strom ins Netz eingespeist wird, kann er von anderen Verbrauchern genutzt werden und der Betreiber des BHKW erhält dafür eine Vergütung.

Es gibt verschiedene Arten von Blockheizkraftwerken, die je nach Anwendungsbereich und Brennstoff unterschiedliche Vorteile bieten:

- Brennstoffzellen-Blockheizkraftwerke (s. nächstes Kapitel). Diese Art von BHKW verwendet Brennstoffzellen, die Wasserstoff und Sauerstoff in elektrische Energie und Wasser umwandeln. Brennstoffzellen-Blockheizkraftwerke sind sehr effizient und umweltfreundlich, da sie keine schädlichen Emissionen erzeugen. Sie werden hauptsächlich in Wohngebäuden eingesetzt.

- Gas-Blockheizkraftwerke: Diese Art von BHKW wird mit Erdgas betrieben und eignet sich ideal für den Einsatz in kleinen oder mittelgroßen Gebäuden.

- Öl-Blockheizkraftwerke: Diese Art von BHKW wird mit Heizöl betrieben und wird oft in Gebieten eingesetzt, in denen kein Zugang zu Erdgas besteht. Öl-Blockheizkraftwerke sind jedoch weniger effizient und umweltfreundlich als Gas- oder Biomasse-Blockheizkraftwerke.

- Biomasse-Blockheizkraftwerke: Diese Art von BHKW verwendet erneuerbare Biomasse als Brennstoff, wie z.B. Holzpellets, Hackschnitzel,

Biogas oder Holzgas. Biomasse-Blockheizkraftwerke sind effizient und umweltfreundlich, da sie erneuerbare Ressourcen nutzen und nur geringe Emissionen erzeugen.

„Die elektrischen Wirkungsgrade von BHKW reichen nach Art des Motors und der Leistung von ca. 30 % bis über weit über 40 %, die thermischen Wirkungsgrade liegen in einem Bereich von etwa 50 % bis 60 %."[156] Im Vergleich dazu besitzen Brennstoffzellen je nach Technologie einen elektrischen Wirkungsgrad von bis zu 60 %, was eine höhere elektrische Effizienz bedeutet, als bei den meisten BHKW-Systemen, die mit Brennstoffen arbeiten.[157]

Bei der Betriebsweise von Blockheizkraftwerken gibt es verschiedene Ansätze, je nachdem welcher Bedarf im Vordergrund steht. Die wärmegeführte und stromgeführte Betriebsweise sind die beiden gängigsten Arten der Betriebsführung von BHKW. Es gibt jedoch noch weitere Betriebsarten, auf die im Folgenden eingegangen wird.

Die wärmegeführte Betriebsführung ist die am häufigsten eingesetzte Art der Betriebsführung von BHKW. Bei

---

156 https://asue.de/sites/default/files/asue/themen/blockheizkraftwerke/2010/broschueren/06_06_10_bhkw-grundlagen-2010.pdf

157 Vgl. https://www.heizung.de/bhkw/wissen/wirkungsgrad-im-bhkw-vergleich.html

dieser Art der Betriebsführung wird das BHKW so betrieben, dass es möglichst viel Wärme erzeugt und diese in ein Nah- oder Fernwärmenetz einspeist. Der erzeugte Strom wird in der Regel ins öffentliche Stromnetz eingespeist und vergütet. Die wärmegeführte Betriebsführung ist besonders sinnvoll in Gebieten, in denen eine hohe Nachfrage nach Wärme besteht, wie beispielsweise in Wohngebieten oder Industrieparks.

Im Gegensatz zur wärmegeführten Betriebsführung wird bei der stromgeführten Betriebsführung das BHKW so betrieben, dass es möglichst viel Strom erzeugt. Die erzeugte Wärme wird entweder in einem Wärmespeicher zwischengespeichert oder als Abwärme genutzt. Die stromgeführte Betriebsführung ist insbesondere in Gebieten sinnvoll, in denen eine hohe Stromnachfrage besteht, wie beispielsweise in städtischen Gebieten.

Der KWK-Betrieb (Kraft-Wärme-Kopplung) ist eine Betriebsart von BHKW, bei der das BHKW sowohl Strom als auch Wärme erzeugt. Der erzeugte Strom wird in das öffentliche Stromnetz eingespeist, während die erzeugte Wärme vor Ort genutzt wird. Der KWK-Betrieb ist besonders effizient und umweltfreundlich, da die eingesetzte Energie bestmöglich genutzt wird.

Der Spitzenlastbetrieb ist eine Betriebsart von BHKW, bei der das BHKW nur dann eingeschaltet wird, wenn der Strombedarf besonders hoch ist. Die erzeugte Wärme wird dabei entweder als Abwärme genutzt oder in einem

Wärmespeicher zwischengespeichert. Der Spitzenlastbetrieb ist insbesondere in Gebieten sinnvoll, in denen eine besonders hohe Stromnachfrage zu bestimmten Zeiten besteht, wie beispielsweise in Industrieparks.

Insgesamt bieten Blockheizkraftwerke eine effiziente und umweltfreundliche Alternative zu herkömmlichen Kraftwerken und können dazu beitragen, den Energiebedarf von Gebäuden und Industrie zu decken und gleichzeitig den CO_2-Ausstoß zu reduzieren. Durch die Möglichkeit, dezentral Strom und Wärme zu erzeugen, können BHKWs auch zur Stärkung der Energiesicherheit beitragen, insbesondere in Zeiten von Netzüberlastungen oder Stromausfällen.

25

BRENNSTOFFZELLEN IN GEBÄUDEN

Eine Brennstoffzelle ist ein Apparat, der durch eine chemische Reaktion Wasserstoff und Sauerstoff in elektrischen Strom und Wärme umwandelt. In Gebäuden wird die erzeugte Wärme üblicherweise für die Raumheizung und die Warmwasseraufbereitung genutzt. Wasserstoff fungiert als Treibstoff in Brennstoffzellen, wo er in einer elektrochemischen Reaktion mit Sauerstoff zu Wasser und elektrischem Strom umgewandelt wird. Es gibt verschiedene Typen von Brennstoffzellen, die in Gebäuden eingesetzt werden können.

Eine Art davon sind die Protonenaustauschmembran-Brennstoffzellen (PEMFC): Diese Brennstoffzellen arbeiten bei niedrigen Temperaturen von etwa 80 Grad Celsius und eignen sich besonders gut für den Einsatz in Wohngebäuden und kleinen gewerblich genutzten Gebäuden. Sie bestehen aus einer Polymer-Elektrolyt-Membran (PEM), die den Wasserstoff und Sauerstoff trennt, sowie aus Katalysatoren, die die chemische Reaktion beschleunigen. PEMFCs besitzen eine hohe Leistungsdichte und eignen sich daher besonders gut für den Einsatz in kleinen, platzsparenden Anwendungen.

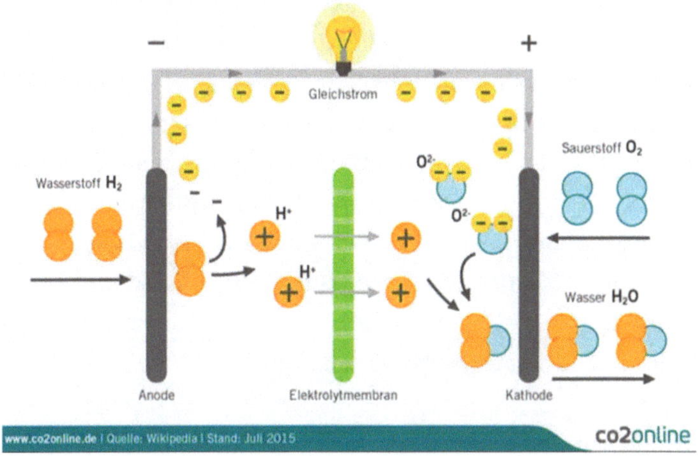

Abbildung 54: Funktionsprinzip einer PEMFC-Brennstoffzelle

Quelle: https://www.co2online.de/modernisieren-und-bauen/brennstoffzellen-heizung/was-sind-brennstoffzellen/ - co2online

Festoxid-Brennstoffzellen (SOFC): Diese Brennstoffzellen arbeiten bei höheren Temperaturen von etwa 600 Grad Celsius und eignen sich besonders gut für den Einsatz in größeren Gebäuden und industriellen Anwendungen. Sie bestehen aus einer keramischen Elektrolyt-Membran, die Wasserstoff und Sauerstoff trennt, sowie aus Katalysatoren, die die chemische Reaktion beschleunigen. SOFCs haben eine höhere Effizienz und längere Lebensdauer als PEMFCs, sind jedoch aufgrund ihrer Größe und ihres

Gewichts in der Regel nicht für den Einsatz in kleinen Gebäuden geeignet.[158]

Molten Carbonate Fuel Cell (MCFC): Diese Brennstoffzellen arbeiten bei sehr hohen Temperaturen von etwa 650 Grad Celsius und haben eine höhere Effizienz als PEMFC und SOFC. Sie bestehen aus einer Membran aus flüssigen Carbonaten, die Wasserstoff und Sauerstoff trennt, sowie aus Katalysatoren, die die chemische Reaktion beschleunigen. MCFCs sind jedoch aufgrund ihrer Größe und Komplexität in der Regel nur für den Einsatz in großen Gewerbe- und Industriegebäuden geeignet.[159]

Brennstoffzellen besitzen eine hohe Effizienz und können die Energiekosten senken und einen Beitrag zur Reduzierung von CO_2-Emissionen leisten. Ein weiterer Vorteil von Brennstoffzellen ist, dass sie keine beweglichen Teile haben und daher wenig Wartung erfordern.

Allerdings gibt es auch einige Nachteile von Brennstoffzellen. Einige der häufigsten Probleme sind:

---

[158] Vgl. https://www.co2online.de/modernisieren-und-bauen/brennstoffzellen-heizung/arten-von-brennstoffzellen-heizungen/

[159] Vgl. https://www.tuvsud.com/de-de/indust-re/wasserstoff-brennstoffzellen-info/brennstoffzellen/mcfc-brennstoffzelle

- Sie erfordern eine Initialinvestition, die höher sein kann als die von herkömmlichen Stromerzeugungssystemen

- Sie benötigen eine kontinuierliche Versorgung mit Wasserstoff oder anderen Brennstoffen

- Sie haben eine begrenzte Lebensdauer

Abbildung 55: Brennstoffzelle zur Erzeugung von Strom und Wärme mit einem thermischen Speicher und einem Spitzenlastkessel

Quelle: https://www.viessmann.de/de/produkte/brennstoffzelle/vitovalor-pa2.html - Viessmann Climate Solutions SE

Ein weiterer problematischer Faktor ist, dass die Leistung einer Brennstoffzelle so dimensioniert werden muss, dass sie den Wärmebedarf des Gebäudes, vor allem während der kalten Wintermonate, in der Regel nicht ausreichend abdecken kann. Dies liegt daran, dass eine Brennstoffzelle aus wirtschaftlichen und technischen Gründen typischerweise nur die Grundlast eines Gebäudes bewältigen soll. Im Gegensatz zu modernen Brennwerthermen, die flexibel in ihrer Leistung angepasst werden können, ist die Anpassungsgeschwindigkeit einer Brennstoffzelle träge. Daher wird zusätzlich ein Spitzenlastkessel installiert, um den während dieser Zeiten auftretenden erhöhten Wärmebedarf des Gebäudes zu decken. Der Spitzenlastkessel agiert als Ergänzung zur Brennstoffzelle und stellt sicher, dass das Gebäude auch während Phasen mit besonders hohem Wärmebedarf angemessen versorgt wird.

Insgesamt bietet die Brennstoffzellentechnologie eine Vielzahl von Vorteilen und Anwendungen und hat das Potenzial, eine wichtige Rolle in der Energieversorgung der Zukunft zu spielen, insbesondere im Gebäudebereich. Es ist jedoch wichtig, die spezifischen Anforderungen und Gegebenheiten des jeweiligen Standorts und Einsatzbereichs zu berücksichtigen, bevor ein Brennstoffzellensystem installiert wird.

26

ENTWICKLUNGEN UND INNOVATIONEN

Es gibt viele aktuelle und zukünftige Innovationen im Bereich der erneuerbaren Energien, die noch in der Entwicklungs- und Forschungsphase sind und die dazu beitragen können, die Abhängigkeit von fossilen Brennstoffen zu reduzieren und die Umweltbelastungen zu verringern. Dazu gehören erneuerbare Energieerzeuger als solches oder Speicher die die intermittierenden Windkraft- und PV-Anlagen unterstützen. Im Folgenden werden einige der wichtigsten Innovationen beschrieben, die derzeit noch in der Entwicklungs- und Forschungsphase sind:

1. **Molecular Solar Thermal Energy Storage System** (MOST): Diese Technologie die noch in der Entwicklungsphase ist, nutzt ein Molekül aus Stickstoff, Kohlenstoff und Wasserstoff. Wenn dieses mit Sonnenlicht bestrahlt wird, ordnet es sich zu einem energy-rich isomer (energiereichen Isomer) an. Die Physik bezeichnet ein Molekül als Isomer, wenn es die gleichen Atome wie das ursprüngliche Molekül besitzt, diese jedoch anders angeordnet

sind. Beim MOST ermöglicht diese Neuanordnung der Atome, dass das Isomer in flüssiger Form für maximal 18 Jahre gespeichert werden kann. Die Energie des Moleküls kann zu einem späteren Zeitpunkt verwendet werden, indem ein Katalysator sie als Wärme freisetzt.

Abbildung 56: Thermal Energy Storage System (MOST)

Quelle: https://mostsolarproject.eu/ - Chalmers of Technology / Daniel Spacek

Dabei geht das Isomer wieder in seine ursprüngliche Form über und kann erneut die Energie von Sonnenstrahlen aufnehmen. Diese Technologie verspricht eine höhere Effizienz im Vergleich zu traditionellen Solartechnologien und soll geringere Kosten besitzen.[160]

---

[160] Vgl. https://www.forschung-und-wissen.de/nachrichten/physik/neues-system-speichert-solarenergie-18-jahre-13376155

2. Perowskit-Tandem-Photovoltaik: Perowskit-Photovoltaikzellen sind eine neue Art von Photovoltaikzellen, die auf der Verwendung von Perowskit-Materialien basieren. Diese Zellen wandeln Sonnenlicht in elektrischen Strom um und können in Solarpanels verwendet werden. Im Vergleich zu herkömmlichen Photovoltaikzellen, haben Perowskit-Zellen einige Vorteile, wie zum Beispiel eine höhere Effizienz (höherer Wirkungsgrad) bei der Stromgewinnung und geringere Herstellungskosten.

Abbildung 57: Aufbau der Perowskit-Tandem-Solarzelle

Gefunden auf: https://www.solarserver.de/2022/12/19/wirkungsgrad-rekord-32-prozent-perowskit-tandem-solarzelle/ - Originalquelle: Helmholtz-Zentrum Berlin / Eike Köhnen

Wie auf Abbildung 57 dargestellt besteht die Tandem-Solarzelle aus einer Unterzelle aus Silizium und einer Topzelle aus Perowskit. Während die Topzelle blaue Lichtanteile verwerten kann, wandelt die Unterzelle die roten und nahinfraroten

Anteile des Spektrums um. Das Helmholtz Zentrum in Berlin verkündete einen Wirkungsgrad von 32,5 %, welcher von der italienischen Zertifizierungsstelle European Solar Test Installation (ESTI) in Italien vermessen und bestätigt wurde. Allerdings ist die Technologie noch in der Entwicklung und es gibt auch noch Herausforderungen, die gelöst werden müssen, bevor sie kommerziell verfügbar sein werden.[161]

3. Energiespeicherung mit **Superkondensatoren**: Superkondensatoren sind eine Art von Energiespeicher, die die Vorteile von Batterien und Kondensatoren kombiniert. Sie besitzen das Potenzial, schneller zu laden und zu entladen als herkömmliche Batterien und weisen dazu noch eine höhere Lebensdauer auf. „Superkondensatoren sind eine Ergänzung zur Energieerzeugung aus Wind- und Solarkraft. Ihr großer Vorteil liegt darin, dass sie kurzfristige Stromausfälle überbrücken können, auch wenn hohe Leistungen gefragt sind. Dazu werden sie im Stromnetz wie Batterien eingesetzt."[162] Sie kommen ebenfalls in Hybridautos als

161 Vgl. https://www.solarserver.de/2022/12/19/wirkungsgrad-rekord-32-prozent-perowskit-tandem-solarzelle/

162 https://www.shellenergy.de/energy-hub/erneuerbare-energien-speichern-die-energiespeicher-der-zukunft

Kurzzeitspeicher zum Einsatz und ermöglichen so einen hohen Wirkungsgrad. Auch in Linienbussen werden sie als Speicher für den Antrieb (Laden bei jedem Stopp) verwendet.[163] Diese Technologie wird derzeit jedoch noch weiterentwickelt, um sie kosteneffizienter und leistungsstärker zu machen. Es besteht die Möglichkeit, dass diese aber schon bald ein wesentlicher Bestandteil von Speicherlösungen sind.[164]

4. **Gezeitenkraftwerke** (s. Kapitel 15): Die Nutzung der Gezeitenenergie ist eine Technologie, die derzeit noch in der Entwicklungs- und Forschungsphase ist. Es gibt verschiedene Technologien, die derzeit erforscht werden, um die Energie der Gezeiten zu nutzen, wie zum Beispiel Gezeitenkraftwerke, die sich an der Küste befinden und die Bewegung des Wassers nutzen, um Strom zu erzeugen, oder Unterwasser-Turbinen, die in den Flüssen oder Meeren installiert werden und von den Strömungen angetrieben werden.

---

[163] Vgl. https://www.energie-experten.org/erneuerbare-energien/oekostrom/energiespeicher/superkondensator

[164] Vgl. https://www.shellenergy.de/energy-hub/erneuerbare-energien-speichern-die-energiespeicher-der-zukunft

5. **Algen- und Cyanobakterien-basierte Biokraftstoffe**: Algen und Cyanobakterien sind reich an Ölen und Proteinen und werden derzeit als Quelle für Biokraftstoffe erforscht. Diese Technologie hat das Potenzial, eine höhere Biokraftstoffproduktion pro Flächeneinheit zu erreichen und die Abhängigkeit von Nahrungs- und Futtermittelpflanzen zu reduzieren.[165]

6. **Kernfusion**: Die Kernfusion (s. Kapitel 20) ist ein Prozess, bei dem die Energie freigesetzt wird, die durch die Verschmelzung von Wasserstoffatomen erzeugt wird. Es wird derzeit an verschiedenen Projekten gearbeitet, um die Technologie der Kernfusion als Quelle der erneuerbaren Energie nutzbar zu machen.

7. **Flügellose Windkraftanlagen**: Flügellose Windkraftanlagen sind eine relativ neue Technologie. Die Anlagen machen sich die sogenannte „aeroelastische Resonanz" zunutze, erzeugen also Strom durch die Schwingungen im Wind. Beim Hin- und

165 Vgl. https://www.wissensschau.de/synthetische_biologie/biokraftstoffe_algen_synthetische_biologie.php

Herwiegen entstehen Vibrationen, die über einen Generator in Strom umgewandelt werden.

Abbildung 58: Flügellose Windkraftanlage

Gefunden auf https://www.trendingtopics.eu/vortex-bladeless-spanisches-startup-start-pilotphase-mit-fluegellosen-windraedern/ - Originalquelle: Vortex Bladeless

Der Wirkungsgrad von flügellosen Windkraftanlagen ist jedoch geringer als der von herkömmlichen Windturbinen, da sie einen geringeren Durchmesser und eine geringere Höhe haben und dadurch nicht so viel Energie aus der Luftströmung gewinnen können. Ein Vorteil ist es, dass sie in der Regel leiser sind und weniger potenzielle Auswirkungen auf die Umwelt haben, da sie keine Rotoren oder Blätter besitzen, die Vögel oder Fledermäuse verletzen können. Es gibt auch andere Vorteile, wie die Möglichkeit sie in städtischen Gebieten zu installieren, da sie kleiner sind und somit weniger Platz beanspruchen. Auch können sie in Gebieten mit geringem Winddruck betrieben werden, was für herkömmliche Windkraftanlagen schwierig wäre.[166]

8. „Das Start-up NDB aus San Francisco plant einen **Diamant-Akku**, der ab 2023 marktreif sein soll. Das Besondere: Er soll 28.000 Jahre halten und Atom-Abfall enthalten.“[167] Die NBD-Batterie ist eine vielversprechende Technologie, die in Zukunft eine wichtige Rolle in der Energieversorgung spielen könnte. Im Gegensatz zu herkömmlichen Batterien, die auf chemischen Reaktionen basieren und aufgeladen werden müssen, nutzt die NBD-Batterie die Energie aus dem radioaktiven Zerfall von Atommüll, um Elektrizität zu erzeugen, da sich auch die Frage stellt „Wohin mit dem radioaktiven Abfall?“. „Die von der Batterie abgegebene Strahlung ist dabei geringer als die natürliche Strahlung des menschlichen Körpers. Es besteht

166 Vgl. https://www.energiezukunft.eu/erneuerbare-energien/wind/fluegellose-windraeder-gehen-in-pilotbetrieb/

167 https://efahrer.chip.de/news/28000-jahre-strom-forscher-entwickeln-super-akku-aus-atom-muell_104563

also kein radioaktives Risiko."[168] Aufgrund ihrer hohen Energiedichte und langen Lebensdauer könnten NBD-Batterien eine wichtige Rolle bei der Energieversorgung von Anwendungen spielen, bei denen herkömmliche Batterien nicht ausreichend sind, wie beispielsweise in der Luft- und Raumfahrt. Weiterhin wäre es potenziell möglich, NBD-Batterien in Zukunft in Elektroautos, der Industrie, der Medizintechnik und sogar im Elektronikbereich, wie z.B. bei der Versorgung von Laptops und Smartphones, einzusetzen. Die NBD-Batterie besteht aus einem kleinen Kern aus radioaktivem Material, der von einer Schicht synthetischer Diamanten umgeben ist. Wenn die Atome im Kern radioaktiv zerfallen, werden hochenergetische Elektronen freigesetzt, die von den Diamantschichten absorbiert werden. Diese Elektronen werden dann durch ein elektrisches Feld geleitet, das von der Batterie erzeugt wird und erzeugen so einen elektrischen Strom. Der große Vorteil der NBD-Batterie ist, dass sie keine externen Energiequellen benötigt, da sie ihre Energie aus dem Zerfall des Kernmaterials gewinnt. Dies macht sie zu einer potenziell langlebigen Energiequelle, die nur selten ersetzt werden muss. Darüber hinaus haben NBD-Batterien eine sehr hohe Energiedichte, was

---

168 https://www.solarify.eu/2021/02/01/534-0-stromspeicher-aus-atommuell/

bedeutet, dass sie in der Lage sind, sehr viel Energie auf kleinem Raum zu speichern.

9. **Carnot-Batterie:** Die zunehmende Nutzung erneuerbarer Energien bringt die Herausforderung der Speicherung und effizienten Nutzung von überschüssigem Strom mit sich. Eine vielversprechende Lösung hierfür sind Carnot-Batterien, die nicht nur als Energiespeicher, sondern auch als flexible Energiequelle fungieren. Der entscheidende Vorteil liegt darin, dass während des Ladevorgangs Strom in Wärme umgewandelt und in Hochtemperatur-Wärmespeichern gespeichert wird. Bei Bedarf kann diese gespeicherte Wärme dann durch beispielsweise Dampfturbinen zurück in elektrische Energie umgewandelt werden – ein innovativer Ansatz mit hohen Wirkungsgraden von bis zu 70 %. Die Fähigkeit, sowohl Strom als auch Wärme zu liefern, macht Carnot-Batterien besonders attraktiv für die Sektorenkopplung, insbesondere für die Industrie. Durch ihre einfache Integration mit anderen Energiesystemen können sie die Anforderungen verschiedener Industrieprozesse erfüllen. Die gespeicherte Wärme lässt sich direkt in zahlreichen Industrieanwendungen nutzen, und in Kombination mit saisonalen Wärmespeichern können Carnot-Batterien Wärmeenergie über Monate hinweg bereitstellen.

Die Flexibilität von Carnot-Batterien zeigt sich auch in ihrer Anpassungsfähigkeit an verschiedene Anforderungen hinsichtlich Größe, Kapazität und Energiemanagement.

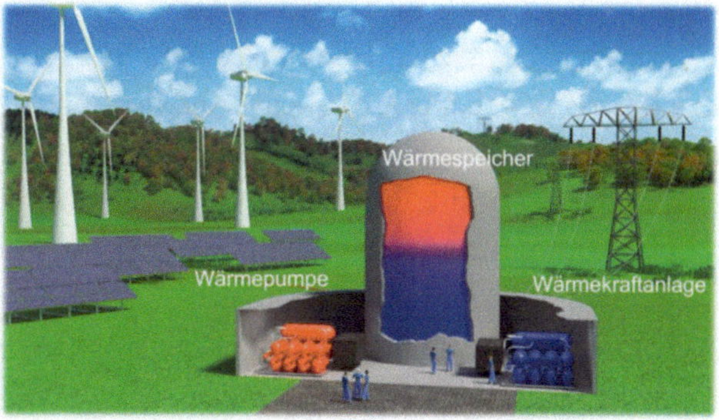

Abbildung 59: Carnot Batterie

Gefunden auf https://www.energie-experten.org/erneuerbare-energien/oekostrom/energiespeicher/carnot-batterie - Quelle: Greenhouse Media GmbH

Dies ermöglicht ihren Einsatz in diversen Szenarien, wie zum Beispiel im Smart District Heating. Dabei werden lokale Strom- und Wärmenetze in der Umgebung der Speicheranlage geschaffen, um Wohnsiedlungen oder Büroparks effizient mit Energie zu versorgen. Experten prognostizieren, dass industrietaugliche Carnot-Batterien ab dem Jahr 2030 auf dem Markt verfügbar sein werden. Diese Systeme werden für längere Speicherzeiten und Leistungen von mehreren Megawatt ausgelegt sein, was einen bedeutenden Fortschritt für die nachhaltige Energiewirtschaft darstellt. Carnot-

> Batterien haben somit das Potenzial, einen flächendeckenden Beitrag zur Energiewende zu leisten und eine zuverlässige Grundlage für eine nachhaltige Energiezukunft zu schaffen.[169]

Innovationsprozesse in der Energiebranche sind komplex und es gibt viele Faktoren, die die Entwicklung beeinflussen. Es gibt jedoch keinen Zweifel, dass die Weiterentwicklung und der Einsatz dieser Technologien dazu beitragen werden, die Abhängigkeit von fossilen Brennstoffen zu reduzieren und die Umweltbelastungen zu verringern. Es ist jedoch auch wichtig zu betonen, dass die Entwicklung und der Einsatz dieser Technologien nicht nur technologisch, sondern auch wirtschaftlich, politisch und gesellschaftlich Herausforderungen mit sich bringen.

---

169 Vgl. https://www.energie-experten.org/erneuerbare-energien/oekostrom/energiespeicher/carnot-batterie

27

ROHSTOFFBEDARF FÜR ERNEUERBARE ENERGIEN

Die Energiewende, ein ehrgeiziges Vorhaben zur Reduzierung klimaschädlicher Emissionen, steht vor einer wichtigen Herausforderung: dem Bedarf an Rohstoffen. In den Straßen von Belgrad in Serbien wird klar, dass der Übergang zu erneuerbaren Energien nicht nur innovative Technologien erfordert, sondern auch bedeutende Mengen an Spezialrohstoffen.

Der Schwenk von fossilen Brennstoffen zu Wind- und Solarenergie bringt zwangsläufig eine verstärkte Nachfrage nach Metallerzen mit sich. Dies wirft zwar ethische Fragen auf, wie im Fall des australisch-britischen Unternehmens Rio Tinto in Serbien, aber es zeigt auch das Bewusstsein für Umwelt- und Gesundheitsaspekte, die in der Energiewende berücksichtigt werden müssen.

Experten weisen darauf hin, dass einige Länder bereits jetzt fast Monopole auf bestimmte Spezialrohstoffe haben, was zu neuen Formen der Abhängigkeit führen könnte. Die Deutsche Rohstoffagentur prognostiziert einen starken Anstieg des Bedarfs an Metallen, um den beschleunigten Ausbau erneuerbarer Energien zu unterstützen. Dabei könnten jedoch auch innovative Lösungen und Technologien entstehen, um den Rohstoffbedarf effizienter zu decken.[170]

Die Rohstoffanforderungen für erneuerbare Energien sind erheblich. Ein Bericht der Internationalen Energieagentur (IEA) verdeutlicht, dass für den Bau einer zeitgemäßen Photovoltaikanlage mehr als doppelt so viele metallische Rohstoffe erforderlich sind wie für ein Kohlekraftwerk gleicher Leistung. Im Falle von Onshore-Windrädern sind es nahezu das Fünffache, während bei Offshore-Windrädern sogar mehr als das Siebenfache an Metallen benötigt wird. Obwohl fossile Kraftwerke zusätzliche Mengen an Brennstoff benötigen, wird der Aufbau von Anlagen für erneuerbare Energien im Vergleich als deutlich ressourcenintensiver betrachtet.

Dies verdeutlicht, dass der Zugang zu diesen Rohstoffen von entscheidender Bedeutung ist und einen Wettbewerbsvorteil darstellt. Es zeigt auch, dass die Annahme, erneuerbare Energien würden zwangsläufig kostengünstiger werden, keineswegs in Stein gemeißelt ist. Einen Einblick in die entsprechenden Daten der IEA liefert Abbildung 60.

---

170 Vgl. https://www.spektrum.de/news/fuer-die-energiewende-werden-die-rohstoffe-knapp/2005387

Deutschland, das einst Bergbau betrieben hat, hat sich seit der Wiedervereinigung aus der Metallförderung zurückgezogen. Dies stellt zwar eine Herausforderung dar, öffnet jedoch auch Möglichkeiten für Kooperationen und den Einsatz von recycelten Materialien. Geopolitische Spannungen und Lieferengpässe könnten Anreize für verstärkte Forschung und Entwicklung im Inland schaffen.

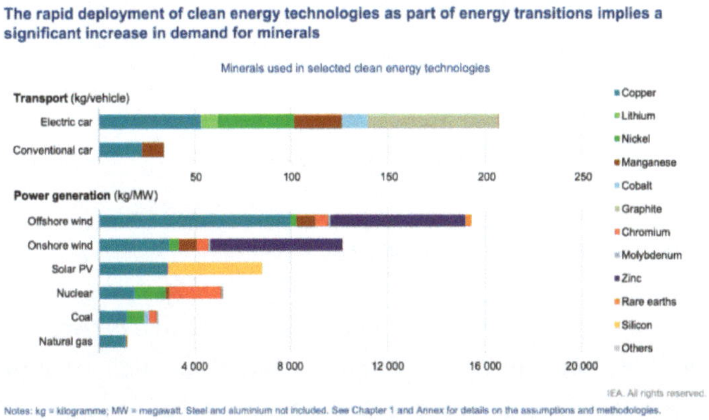

Abbildung 60: Der Metallbedarf von diversen Kraftwerksarten

Gefunden auf https://think-beyondtheobvious.com/stelters-lektuere/das-rohstoff-problem-der-energiewende/#comments - Originalquelle: IEA

Die Rufe nach einer stärkeren Sicherung metallischer Rohstoffe werden lauter. Initiativen wie die European Raw Materials Alliance sollen die Versorgungssicherheit verbessern. Obwohl einige diese Bemühungen als möglicherweise spät ansehen, könnten sie dennoch den Weg für nachhaltigere Praktiken und Partnerschaften ebnen.

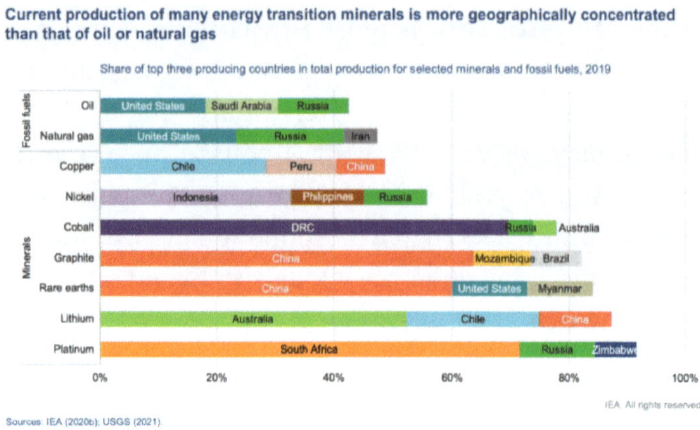

Abbildung 61: Geographische Abhängigkeit

Gefunden auf https://think-beyondtheobvious.com/stelters-lektuere/das-rohstoff-problem-der-energiewende/#comments - Originalquelle: IEA

Wie auf Abbildung 61 zu erkennen ist, hat sich ein steigendes Verlangen nach metallischen Rohstoffen zu einem potenziellen Hindernis für die deutsche und europäische Energiewende entwickelt. Dies liegt daran, dass, obwohl Wirtschaften in den kommenden Jahren ihre Abhängigkeit von Erdgas, Erdöl und Kohle verringern, sie sich gleichzeitig in neue Abhängigkeiten von Metallen begeben werden. Diese Abhängigkeiten sind laut IEA mitunter sogar stärker konzentriert als bei den fossilen Energiequellen. Im Gegensatz zu Erdöl, Kohle und Erdgas, die von einer Vielzahl großer Förderländer geliefert werden können, ist der Abbau und die Verarbeitung zahlreicher Metalle derzeit auf wenige, möglicherweise sogar einzelne Länder beschränkt.[171]

Auch zahlreiche andere innovative Technologien, die für den Erfolg der Energiewende entscheidend sind, tragen zur steigenden Nachfrage bei. Hierzu zählen Elektrofahrzeuge, stationäre Stromspeicher und insbesondere Großanlagen für die Wasserelektrolyse zur Produktion von grünem Wasserstoff. Für die Membranen dieser Anlagen sind zunehmend seltene Metalle wie Iridium und Scandium erforderlich. Darüber hinaus steigt der Bedarf an Metallen für andere Hightech-Technologien, angefangen bei traditionellen Rechenzentren über Quantencomputer und Radiofrequenz-Mikrochips für 5G- und 6G-Funkmasten bis hin zu Meerwasserentsalzungsanlagen. Diese Sektoren entwickeln sich rasant, und es ist absehbar, dass sie in wenigen Jahren nicht nur bedeutende Anteile des weltweiten Rohstoffmarktes für strategische Metalle beanspruchen, sondern auch miteinander in Konkurrenz treten.[172]

Kurzfristig könnten Lieferengpässe zu Herausforderungen für die Energiewende führen, aber sie könnten auch den Anstoß für vermehrte Investitionen in lokale

---

[171] Vgl. https://think-beyondtheobvious.com/stelters-lektuere/das-rohstoffproblem-der-energiewende/#comments

[172] Vgl. https://www.spektrum.de/news/fuer-die-energiewende-werden-die-rohstoffe-knapp/2005387

Ressourcengewinnung und nachhaltige Praktiken geben. Die steigende Nachfrage nach kritischen Rohstoffen könnte als Treiber für Innovation dienen und die Energiewende letztendlich zu einem nachhaltigen und ressourceneffizienten Erfolg machen.

28

ENTWICKLUNG DES ENERGIEEFFIZIENTEN BAUENS

Bis zur ersten Ölkrise 1973 gab es in Deutschland keine Einschränkung des Energiebedarfs von Gebäuden wie sie heute üblich ist. Lediglich wurden bauphysikalische Mindeststandards in der DIN 4108 festgelegt.

Durch den Schock der Krise führte man das Energiespargesetz ein und verabschiedete 1977 die erste Wärmeschutzverordnung. Durch Einhaltung von mittleren Wärmedurchgangskoeffizienten (U-Werte), sollte weiterhin mehr Energie eingespart werden. In der Novellierung der Verordnung, die 1984 in Kraft getreten ist, wurden auch Anforderungen bei baulichen Änderungen an den Gebäudebestand gestellt. Man verschärfte die Anforderungen an die Gebäudehülle in der dritten Wärmeschutzverordnung, welche von 1995 bis 2001 gültig war. Daneben wurde ebenfalls eine Einschränkung an den Jahresheizwärmebedarf eingeführt. Schließlich beschränkte man dann 2002 mit der Einführung der Energieeinsparverordnung (EnEV) den Primärenergiebedarf für Heizung und der Warmwasserbereitung, wobei auch der Hilfsenergiebedarf berücksichtigt wurde und hatte somit die Reduzierung von CO_2 als Ziel.[173] „In der Fassung 2007 wurde erstmalig der Nachweis über Energieausweise bei Verkauf und Vermietung von Immobilien Pflicht, in öffentlichen Gebäuden müssen seitdem die Energieausweise an sichtbarer Stelle ausgehängt werden."[174] In der EnEV 2009 führte man das Referenzverfahren für Gebäude ein.

Die Grenzwerte wurden bei Neubauten beim Primärenergiebedarf um ca. 30 Prozent reduziert und die Anforderungen an die Außenbauteile um ca. 15 % gesteigert, wobei die Anforderungen an Bestandsgebäuden bei Bauteiländerung um 30 % verschärft wurden. Im Gebäudestand wurde es zur Pflicht, eine nachträgliche Dämmung in der obersten Geschossdecke anzubringen. Ebenso müssen Heizkessel die vor 1978 installiert wurden, entfernt werden. „Am 1. Mai 2014 trat die EnEV 2014 in Kraft. Am 01.01.2016 verschärfte man die EnEV 2014. Die primärenergetischen Anforderungen wurden um ca. 25 % und die zulässigen Transmissionswärmeverluste um 20 % verschärft.[175] „Das Gebäudeenergiegesetz (GEG) ist am 1. November 2020 in Kraft getreten. Eine weitere Änderung ist zum 1. Januar 2023 in

---

173 Vgl. https://www.energie-experten.org/energie-sparen/energieberatung/gebaeudeenergiegesetz/waermeschutzverordnung

174 Vgl. https://enev-online.net/praxisdialog/080819_energieausweis_baudenkmal.htm

175 https://www.aenergen.de/de/enev-nachweis-2016.html

Kraft getreten (Reduzierung des zulässigen Jahres-Primärenergiebedarfs im Neubau von bisher 75 Prozent des Referenzgebäudes auf 55 Prozent). Das GEG enthält Anforderungen an die energetische Qualität von Gebäuden, die Erstellung und die Verwendung von Energieausweisen sowie an den Einsatz erneuerbarer Energien in Gebäuden. Die frühere EnEV, das EnEG und das EEWärmeG wurden mit dem GEG zusammengeführt. Mit einer zweiten Novelle des Gesetzes wurde zudem der Einsatz erneuerbarer Energien beim Einbau neuer Heizungen verbindlich geregelt. Diese Änderungen sind am 1. Januar 2024 in Kraft getreten.[176]

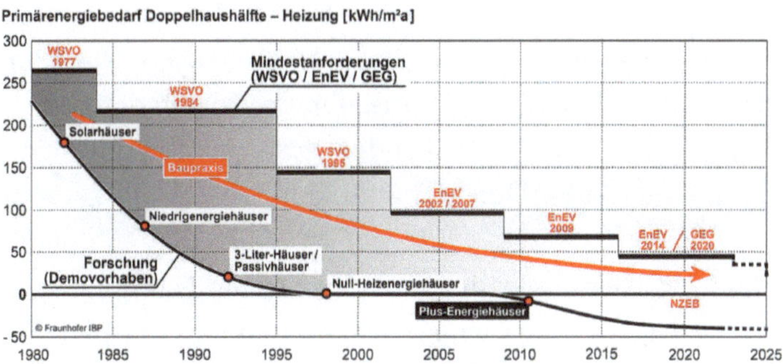

Abbildung 62: Entwicklung des energieeffizienten Bauens

Quelle: https://www.ibp.fraunhofer.de/de/kompetenzen/energieeffizienz-und-raumklima/energiesparendes-bauen.html - Fraunhofer-Institut für Bauphysik IBP

---

[176] Vgl. https://www.bmwsb.bund.de/Webs/BMWSB/DE/themen/bauen/energieeffizientes-bauen-sanieren/gebaeudeenergiegesetz/gebaeudeenergiegesetz-node.html

Auf dem Diagramm (Abbildung 62) wird der Entwicklungsverlauf des Primärenergiebedarfs durch die gesetzlichen Mindestanforderungen dargestellt, während unten die Entwicklungskurve der Forschungsvorhaben dokumentiert wurde. Die innovative Baupraxis bewegt sich zwischen den beiden Entwicklungskurven. Der Effizienzhaus-Plus-Standard ist erreicht, wenn ein negativer Jahres-Primärenergiebedarf ($Qp < 0\ kWh/m^2 * a$), als auch ein negativer Jahres-Endenergiebedarf ($Qe < 0\ kWh/m^2 * a$) vorliegen. Wenn also ein Gebäude im Jahresdurchschnitt selbst mehr Energie gewinnt, als es von außen z.B. an Elektrizität, Öl, Gas oder Holz bezieht, spricht man von einem Haus mit positiver Jahresbilanz.[177] Bilanziert werden müssen die Häuser nach der DIN V 18599. Das Konzept beruht darauf, möglichst hohe Energieeffizienz zu erreichen und den verbleibenden geringen Energiebedarf mit erneuerbaren Quellen zu decken.

Durch effiziente und wärmebrückenarme Dämmung soll ein niedriger Heizwärmebedarf und somit ein geringer Endenergiebedarf ermöglicht werden. Auch Wärmerückgewinnung über eine Lüftungsanlage in Gebäuden steigert die Effizienz erheblich, wenn diese ordnungsgemäß geplant wurden.

---

[177] Vgl. https://www.planradar.com/de/passivhaus-nullenergiehaus-plusenergiehaus/

29

ERNEUERBARE ENERGIEN IM STROMMARKT

Der Wandel zu einer nachhaltigen Energieversorgung erfordert nicht nur den Ausbau erneuerbarer Energien, sondern auch eine kosteneffiziente Stromerzeugung. Das sogenannte Merit-Order-Prinzip ist ein Konzept, das dazu beiträgt, die Stromerzeugung so effizient wie möglich zu gestalten. Dabei werden die Kraftwerke nach ihren variablen Kosten geordnet, wobei die günstigsten Kraftwerke zuerst in Betrieb genommen werden und die teureren Kraftwerke erst dann, wenn mehr Strom benötigt wird, als die günstigen Kraftwerke produzieren können.

Oft hört man die Aussage „Die Sonne schickt keine Rechnung, der Wind auch nicht". Viele Experten stimmen dem zu. Tatsächlich sind die variablen Kosten für die Produktion von Sonnen- und Windenergie fast null. Im Gegensatz dazu fallen bei anderen Stromerzeugungsarten Kosten für Brennstoffe für jede produzierte Energieeinheit an. Die günstigsten Kraftwerke werden zuerst genutzt, wenn Strom benötigt wird. Erneuerbare Energien sind in der Regel am günstigsten, gefolgt von (ehemals) Kernenergie,

Müllverbrennungsanlagen, Braunkohle-, Gas- und Dampfkraftwerken sowie Steinkohlekraftwerken. Gaskraftwerke sind relativ teuer, während Ölkraftwerke die höchsten variablen Kosten besitzen. Der Preis an der Strombörse hängt von den variablen Kosten des zuletzt genutzten Kraftwerks ab.[178]

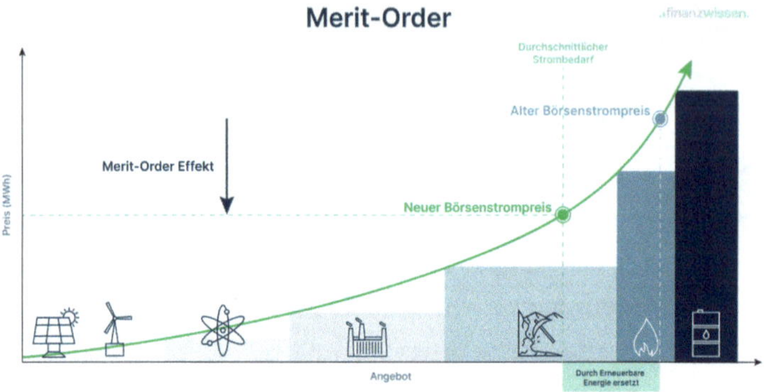

Abbildung 63: Merit-Order Prinzip

Quelle: https://finanzwissen.de/finanzen/strompreis/merit-order/ - Finanzwissen GmbH

An sehr sonnigen und windreichen Tagen können erneuerbare Energien das letzte benötigte Kraftwerk sein und den Strombedarf vollständig decken. Die Strompreise sind in diesem Fall sehr niedrig, da die variablen Kosten der erneuerbaren Energien nahezu null sind. Allerdings können

---

[178] Vgl. https://www.institutional-money.com/news/maerkte/headline/energiewende-die-sonne-schickt-keine-rechnung-aber-strom-wird-teurer-212384/

erneuerbare Energien in der Regel nicht den gesamten Strombedarf decken und konventionelle Kraftwerke müssen einspringen.

Trotz der Zunahme des Anteils erneuerbarer Energien, die eine höhere Abdeckung des Gesamtstrombedarfs bei niedrigen variablen Kosten ermöglichen und somit zu einem insgesamt niedrigen Strompreis führen, wird in Zukunft die Notwendigkeit bestehen, Lücken durch den Einsatz von Gaskraftwerken zu schließen, wenn der gesamte Strombedarf nicht allein durch Wind- und Solarenergie gedeckt werden kann. Im Vergleich zu Kern-, Braunkohle- und Steinkohlekraftwerken weisen Gaskraftwerke jedoch vergleichsweise hohe variable Kosten auf. Wenn diese Gaskraftwerke in der Energiewende Kohle- und Kernkraftwerke ersetzen, könnte dies zu höheren Strompreisen führen, da ein relativ kostspieliges Gaskraftwerk dann den Preis bestimmt.

Mit dem Abschalten der letzten drei Kernkraftwerke im Frühling 2023 treten gemäß dem Merit-Order-Prinzip rücken nun fossile Kraftwerke in den Vordergrund, um die entstandene Lücke der kostengünstigeren Kernkraftwerke (Endlagerung mit eingepreist) zu schließen, was wiederum zu einem Anstieg der Strompreise führen kann. Es ist zu beachten, dass wetterabhängige Energiequellen wie Wind und Solar nicht bedarfsgerecht produzieren können, da sie ohne teure fossile Kraftwerke die Stabilität des Stromnetzes nicht gewährleisten können.

Die Preisdaten zeigen, dass die Stromkosten in Deutschland um 174 Prozent höher liegen als der weltweite Durchschnitt. Verbraucher in Deutschland zahlen durchschnittlich 31,80 Cent pro Kilowattstunde, während der internationale Durchschnitt bei 11,62 Cent liegt. Auf dem zweiten Platz befindet sich Dänemark, wo der Preis pro Kilowattstunde bei 29,38 Cent liegt. Andere Länder, die folgen, sind Belgien (26,60 Cent), Kaimaninseln (25,60 Cent), Kap Verde (24,72 Cent), Irland (24,20 Cent) und das Vereinigte Königreich (24,17 Cent).[179] Hohe Strompreise können für die Industrie eine Herausforderung darstellen, da sie ihre Kosten erhöhen und ihre Wettbewerbsfähigkeit beeinträchtigen können. Insbesondere energieintensive Branchen wie Stahl, Aluminium oder Chemie können stark betroffen sein. Weiterhin kann das dazu führen, dass Unternehmen in Deutschland mit hohen Energieverbrauchskosten Produktionsstandorte ins Ausland verlagern und damit Arbeitsplätze verloren gehen. Allerdings kann die Verlagerung von Industrien ins Ausland die Treibhausgasemissionen erhöhen. Zum Beispiel werden in Deutschland nur 0,15 Tonnen CO_2-Emissionen pro 1.000 US-Dollar Bruttoinlandsprodukt ausgestoßen, während es in China mehr als das Dreifache ist, nämlich 0,5 Tonnen CO_2 pro 1.000 US-Dollar Bruttoinlandsprodukt. Der Weltdurchschnitt liegt bei 0,29 Tonnen CO_2. Der Strompreis in China ist günstiger und somit für Produktionen

---

[179] Vgl. https://www.verivox.de/strom/verbraucheratlas/strompreise-weltweit/

attraktiver, was dazu führt, dass durch den Standortwechsel höhere Emissionen ausgestoßen werden.[180]

Unternehmen, die Emissionen verursachen, müssen CO_2-Zertifikate kaufen. Jedes Zertifikat entspricht einer Tonne CO_2 und wird auf dem CO_2-Markt gehandelt. Unternehmen mit hohen Emissionen müssen zusätzliche Zertifikate kaufen, während Unternehmen, die ihre Emissionen reduzieren, überschüssige Zertifikate verkaufen können. Regierungseingriffe in den Emissionshandel können die Anzahl der verfügbaren Zertifikate begrenzen und den Preis für CO_2-Zertifikate erhöhen. Dadurch werden erneuerbare Energien im Vergleich zu fossilen Kraftwerken attraktiver. Allerdings steigen die variablen Kosten des fossilen Kraftwerks bei höheren CO_2-Preisen. Insbesondere in Dunkelflauten, die am häufigsten in den Wintermonaten auftreten, müssen teure konventionelle Kraftwerke die Stromversorgung aufrechterhalten, wenn Wind- und Sonnenenergie nicht verfügbar ist.

---

180 Vgl. https://rotary.de/gesellschaft/klappt-es-ohne-kernkraft-a-19206.html

30

ÖKOSTROM UND GREENWASHING

In der heutigen Zeit gewinnt der Einsatz von erneuerbaren Energien in der Gesellschaft zunehmend an Bedeutung. Doch was genau ist Ökostrom und wie funktioniert er?

Allgemein versteht man unter den Begriffen Ökostrom, Grünstrom oder Naturstrom den Strom, der aus Anlagen zur Nutzung erneuerbarer Energien gewonnen wird. Während Biolebensmittel klare Regeln besitzen, ist der Begriff Ökostrom jedoch nicht geschützt. Daher ist es für Verbraucher schwierig zu unterscheiden, welche Stromprodukte tatsächlich aus erneuerbaren Quellen stammen und es stellt sich die Frage, ob sie somit was zur Energiewende beitragen können. Der Bundesverband Erneuerbare Energie (BEE) in Deutschland versteht unter Ökostrom elektrische Energie, die mindestens zu 50 Prozent aus erneuerbaren Energien stammt und die restlichen Prozent aus Kraft-Wärme-Kopplungsanlagen (KWK) bezieht. Zur Orientierung können Zertifikate, Gütesiegel und

Herkunftsnachweise dienen, jedoch besteht auch hier die Möglichkeit von Greenwashing.[181]

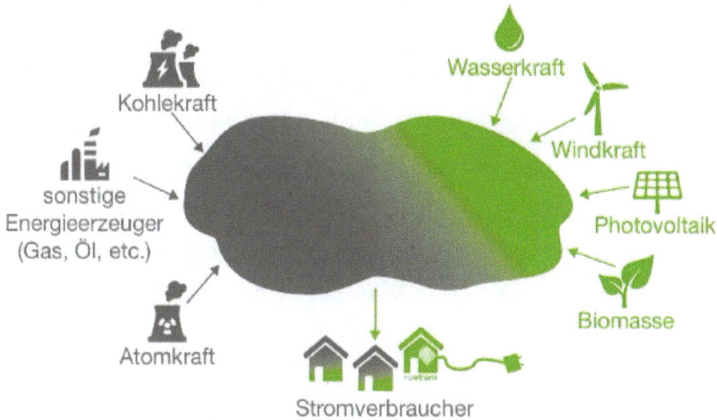

Abbildung 64: Ökostrom

Quelle: https://www.sw-rottenburg.de/de/Home/Aktuelle-Meldungen/Aktuelle-Meldungen/Die-SWR-bringen-Licht-ins-Dunkel-1.html - Stadtwerke Rottenburg am Neckar GmbH

Grundsätzlich ist der Strom, der in Leitungen fließt, nämlich überall gleich, unabhängig davon, welche Energiequelle zur Erzeugung verwendet wurde. Ob der Strom aus erneuerbaren Quellen wie Wind, Sonne, Wasser oder Biomasse oder aus konventionellen Energieträgern wie Kohle, Atomkraft oder Erdgas stammt, macht für die Stromversorgung keinen Unterschied. Befindet man sich z. B. eher in Nähe eines Atomkraftwerkes wird man eher Atom-

181 Vgl. https://www.next-kraftwerke.de/wissen/oekostrom

strom beziehen, denn die grünen oder grauen Elektronen in den Leitungen lassen sich nicht gezielt umlenken. Man kann sich das Stromnetz, wie auf Abbildung 64 dargestellt, wie einen See vorstellen, in den der produzierte Strom hineinfließt, gemischt wird und wieder herausfließt.[182] Im Idealfall sollte Ökostrom jedoch zu 100 Prozent aus erneuerbaren Quellen stammen, aber es ist nicht garantiert, dass der Stromerzeuger auch tatsächlich Anlagen besitzt, die Strom aus erneuerbaren Quellen erzeugen, wie beispielsweise Photovoltaik- oder Windkraftanlagen.

Die Zusammensetzung des Strommixes (s. Kapitel 6), der einem Tarif zugrunde liegt, wird auf der Stromrechnung aufgelistet, aber oft erst am Ende und in unklarer Form. Dazu sind Lieferanten von Strom verpflichtet, dies in der Stromrechnung darzustellen. Selbst wenn der Tarif aus erneuerbaren Quellen stammt, kann es sein, dass konventioneller Strom einfach ein anderes Label erhält, was jedoch legal ist. In Europa müssen Stromerzeuger, die Strom aus erneuerbaren Quellen erzeugen, Herkunftsnachweise oder Zertifikate für jede Megawattstunde Strom erhalten. Diese Zertifikate können im Rahmen des Renewable Energy Certificate Systems (RECS) europaweit gehandelt werden, womit es möglich ist, dass ein Stromanbieter, der auch Kohlekraftwerke betreibt, diese Zertifikate aus einem Land wie Norwegen kauft, wo ein Großteil der Energie aus

---

182 Vgl. https://www.sw-rottenburg.de/de/Home/Aktuelle-Meldungen/Aktuelle-Meldungen/Die-SWR-bringen-Licht-ins-Dunkel-1.html

Wasserkraft stammt. Ein deutscher Stromversorger kann durch den Kauf dieser Zertifikate seinen Strom als Ökostrom ausweisen, wobei die Menge an Kilowattstunden aus erneuerbaren Quellen festgelegt ist. In dem oben genannten Beispiel darf der norwegische Strom, der aus Wasserkraft stammt, in Norwegen nicht mehr als vollständig grüner Strom verkauft werden. Dies hat jedoch in der Regel keine Auswirkungen auf die Hersteller und Kunden in Norwegen.

Dieses Verfahren wird oft als Greenwashing bezeichnet, da ein Produkt scheinbar umweltfreundlicher erscheint als es tatsächlich ist. Auch wenn immer mehr Verbraucher auf Ökostrom umsteigen, ändert sich dadurch am Strommix hier in Deutschland nichts. Der Anteil an Strom aus erneuerbaren Energien steigt nicht und die Energiewende wird nicht weiter vorangetrieben. Es ändert sich nur auf dem Papier etwas: Durch den Einsatz von Ökostromtarifen fließt weniger Strom aus erneuerbaren Quellen in die Normalstromtarife, was diese "schmutziger" macht.

Hersteller haben in diesem Modell wenig Anreiz, ihr Portfolio von Kohle- oder Atomstrom auf erneuerbare Quellen umzustellen. Eine Analyse des Umweltbundesamtes (UBA) kommt zu dem Schluss, dass der Handel mit Ökostrom-Zertifikaten keinen wirklichen Nutzen für Umwelt und Klima hat.

Es gibt jedoch auch Anbieter, die tatsächlich in den Ausbau erneuerbarer Energien investieren und somit den

Anteil an Strom aus erneuerbaren Quellen erhöhen. Allerdings ist umstritten, ob die Nachfrage nach "echtem" Ökostrom tatsächlich dazu führt, dass die Energiewende vorangetrieben wird.

Um herauszufinden, woher der Strom des Anbieters stammt, kann man zunächst einen Blick auf die Stromrechnung werfen oder nach einem verlässlichen Label des Anbieters suchen. Es kann jedoch unübersichtlich sein, zu einem Ökostromtarif zu wechseln, da es bundesweit über 8000 solcher Tarife gibt. Laut einigen Branchenexperten ist in mehr als 90 Prozent der Fälle der Strom jedoch nicht wirklich grün. Es gibt jedoch Listen, die Anbieter von "echtem" Ökostrom auflisten.[183]

Eine vielversprechende Option für eine nachhaltigere Energieversorgung ist der direkte Einsatz von erneuerbaren Energien am Gebäude selbst. Die Installation von Solar- oder Windanlagen auf dem Dach sowie die Nutzung von Wärmepumpen und Elektroautos können hierbei eine bedeutende Rolle für den Klimaschutz und die Energiewende spielen. Im Gegensatz zur reinen CO_2-Reduktion auf dem Papier tragen diese Maßnahmen direkt zur Förderung der erneuerbaren Energien und somit zur Umsetzung der Energiewende bei.

---

[183] Vgl. https://www.quarks.de/technik/energie/darum-ist-in-oekostrom-tarifen-oft-nicht-nur-oekostrom-drin/

31

GLOBAL GREENING

In den letzten Jahrzehnten hat sich ein bemerkenswertes Phänomen auf der Erde ereignet - eine Zunahme der Vegetation auf der Erdoberfläche. Dieses Phänomen wird als "Global Greening" bezeichnet und bezieht sich auf die erhöhte Vegetationsbedeckung und das Pflanzenwachstum auf der Erdoberfläche. Diese Veränderungen werden hauptsächlich durch menschliche Aktivitäten verursacht, insbesondere durch erhöhte Kohlenstoffdioxidemissionen in der Atmosphäre.[184]

In den letzten Jahrzehnten haben Wissenschaftler festgestellt, dass sich die Erde aufgrund des Anstiegs von Kohlenstoffdioxid in der Atmosphäre langsam erwärmt. Obwohl dies ein beunruhigender Trend ist, hat es auch dazu geführt, dass die Pflanzen auf der Erde gedeihen. Pflanzen verwenden Kohlenstoffdioxid als Rohstoff für die

[184] Vgl. https://www.spektrum.de/magazin/co2-macht-die-erde-gruener/1413530

Photosynthese, wobei sie Sonnenenergie in chemische Energie umwandeln und Sauerstoff freisetzen. Mit steigendem Kohlenstoffdioxid in der Atmosphäre können Pflanzen effizienter wachsen und gedeihen.

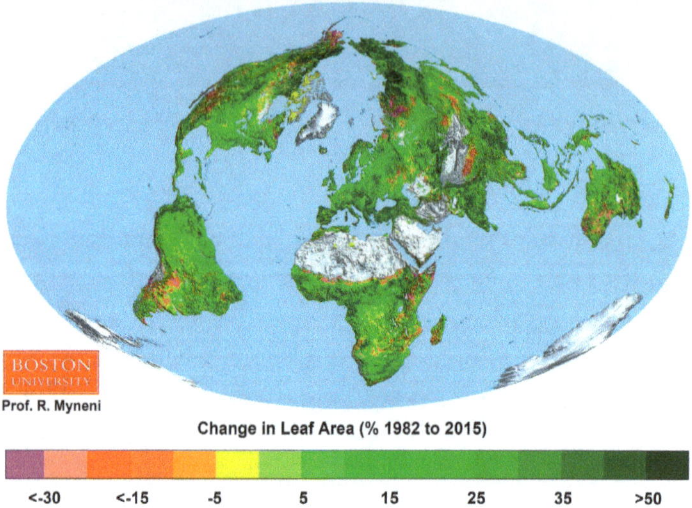

Abbildung 65: Ein Satellitenbild zeigt, wie die Erde grüner geworden ist

Gefunden auf: https://www.spiegel.de/wissenschaft/natur/co2-macht-die-welt-gruener-a-1089850.html - Originalquelle: Boston University

Darüber hinaus hat die Landnutzung auch zu einem Anstieg der Vegetation auf der Erde beigetragen. Landwirtschaftliche Praktiken wie Düngung und Bewässerung haben das Wachstum von Nutzpflanzen verbessert, was zur Entstehung von grünen Oasen in ariden Regionen beigetragen hat. Aufforstungsprogramme haben auch dazu beigetragen, die Vegetation der Erde zu fördern, indem sie die

Baumbedeckung in Gebieten erhöht haben, die zuvor abgeholzt oder abgebrannt wurden.

„Global Greening" hat positive Auswirkungen auf die Umwelt. Mit zunehmender Vegetationsbedeckung auf der Erde können Pflanzen mehr Kohlenstoffdioxid aus der Atmosphäre aufnehmen und speichern, was dazu beiträgt, den Treibhauseffekt zu reduzieren. Grünflächen haben auch eine kühlende Wirkung auf die Umgebungstemperatur und können dazu beitragen, das städtische Hitzeinselphänomen zu reduzieren. Darüber hinaus können grüne Landschaften auch zur Verbesserung der Luftqualität beitragen, indem sie Schadstoffe aus der Luft filtern.

Trotz der positiven Auswirkungen von „Global Greening" gibt es jedoch auch einige Nachteile. Professor Ranga Myneni von der Universität Boston erklärt, dass sich die Blattfläche in mittleren und hohen Breiten vermehrt, jedoch in den Tropen aufgrund von Entwaldung zurückgeht. Die Zunahme des Verbraunungstrend im Amazonasgebiet ist hauptsächlich auf Dürren zurückzuführen, während im Kongo in Afrika ein Rückgang der Niederschläge festzustellen ist. Die derzeitige Konzentration von Kohlendioxid in der Atmosphäre liegt um 40 Prozent höher als in vorindustrieller Zeit. Dies führt zu einer leichten Beschleunigung des Baumwachstums, wie von einigen Forschern vermutet wird. Allerdings hat auch die Sterblichkeit von Bäumen zugenommen, was die zusätzliche CO_2-Aufnahme durch die Vegetation wieder ausgleicht. Diverse Studien haben ebenfalls gezeigt, dass die Sterblichkeit in Wäldern in der Tat zugenommen hat. [185]

[185] Vgl. https://www.deutschlandfunk.de/klimafaktenleugner-der-zweifler-bleibt-100.html

32

KAPITALISMUS UND UMWELT

Es besteht häufig die Wahrnehmung, dass Kapitalismus und Umweltschutz nicht miteinander vereinbar sind. Der Kapitalismus, als wirtschaftliches System, das auf Gewinnmaximierung und freiem Markt basiert, wird oft in Verbindung mit Umweltausbeutung und Ressourcenverschwendung gebracht. In diesem Kapitel betrachten wir, wie die Wirtschaftsform die Umwelt sowie den Klimawandel beeinflusst und welche Rolle sie bei der Bekämpfung von Umweltproblemen spielen kann. Der Kapitalismus ist ein Wirtschaftssystem, in dem Unternehmen und Individuen die Freiheit haben, Eigentum und Ressourcen zu besitzen und zu nutzen, um Gewinne zu erzielen. Es basiert auf dem Prinzip des freien Marktes, bei dem Angebot und Nachfrage die Preise bestimmen. Dieses Wirtschaftssystem unterstützt die private Initiative und die Anreize, Unternehmen zu gründen und zu expandieren. Es ermöglicht Menschen, durch harte Arbeit und Unternehmertum Wohlstand zu erlangen. Es ist umstritten, ob dieses System direkt für den Klimawandel verantwortlich ist. Einige argumentieren, dass die Marktwirtschaft und die Suche nach Profit die treibende Kraft hinter den

Umweltproblemen sind. Andere sehen den Klimawandel eher als Resultat von politischen Fehlentscheidungen und mangelnder Regulierung.

Rainer Zitelmann, ein deutscher Soziologe und Historiker, argumentiert, dass der Kapitalismus auch bei der Bekämpfung des Klimawandels eine wichtige Rolle spielen kann. Zum Beispiel hat der technologische Fortschritt, der durch den Kapitalismus gefördert wurde, dazu beigetragen, erneuerbare Energien und Effizienzsteigerungen zu entwickeln. Ohne den Wohlstand, der durch die Wirtschaft geschaffen wurde, hätten viele Länder nicht die Mittel, um in erneuerbare Energien zu investieren. In diesem Zusammenhang hat die Yale-Universität einen sogenannten „Environmental Performance Index (EPI)" veröffentlicht. Dieser Umweltindex bewertet die ökologische Leistungsbilanz von 180 Ländern anhand von 32 Leistungsindikatoren, die in elf Kategorien zusammengefasst sind:

- Luftqualität
- Wasser & Hygiene
- Schwermetalle
- Abfallwirtschaft
- Biodiversität & Lebensraum
- Ökosystemleistung
- Fischerei
- Klimawandel
- Luftverschmutzung
- Landwirtschaft
- Wasserressourcen

Hierbei wurde festgestellt, dass die Länder mit der größten wirtschaftlichen Freiheit die höchste Bewertung im EPI erhalten haben.

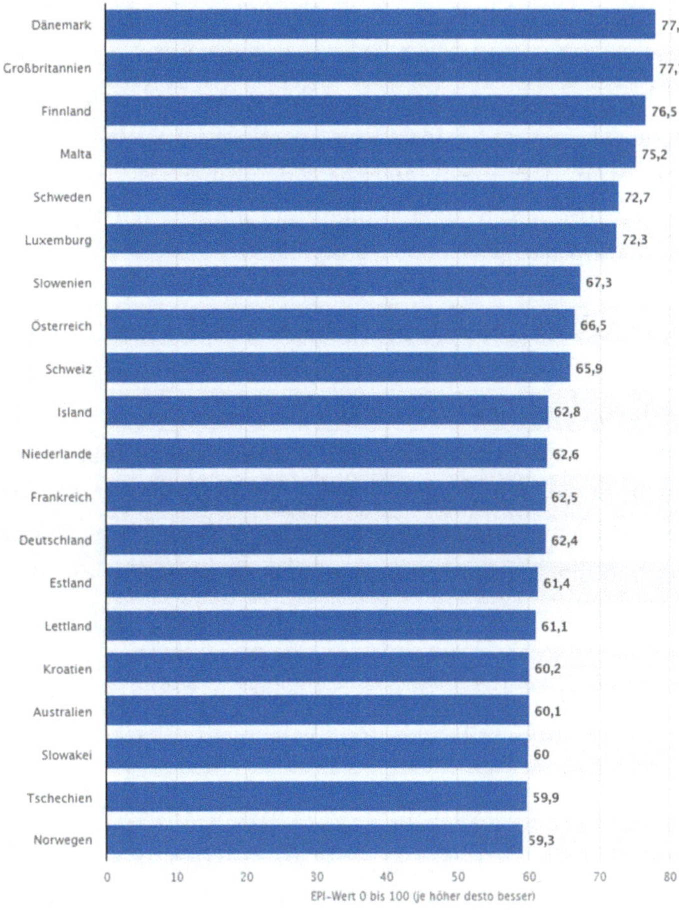

Abbildung 66: Top 20 Staaten nach dem Environmental Performance Index 2022

Quelle: https://de.statista.com/statistik/daten/studie/983991/umfrage/ranking-der-umweltfreundlichsten-laender-nach-dem-environmental-performance-index/ - Statista GmbH

Die Länder mit den höchsten Bewertungen im Environmental Performance Index (EPI), wie Dänemark, Großbritannien und Finnland, verfolgen eine marktorientierte Wirtschaft und besitzen eine relativ hohe wirtschaftliche Freiheit. Die Länder mit den niedrigsten Bewertungen im EPI, wie Nordkorea, Venezuela, Kuba, der Sudan und Simbabwe, haben in der Regel ein sozialistisches Wirtschaftssystem, in dem die Regierung eine größere Rolle bei der Kontrolle der Wirtschaft spielt und öffentliche Unternehmen dominieren.[186]

Der Kapitalismus wird oft für seine kurzfristige Profitmaximierung kritisiert, da er angeblich die langfristigen Auswirkungen auf die Umwelt ignoriert. Ein weiterer Kritikpunkt ist, dass Unternehmen sich auf kostengünstige, jedoch umweltschädliche Technologien konzentrieren und nicht in erneuerbare Energien oder umweltfreundlichere Technologien investieren. Es wird auch argumentiert, dass der Kapitalismus oft soziale Verantwortung von Unternehmen ignoriert, indem sie sich ausschließlich auf den Profit konzentrieren und die Auswirkungen ihrer Aktivitäten auf die Gesellschaft und die Umwelt vernachlässigen.

Allerdings ist es wichtig zu beachten, dass der Kapitalismus tendenziell positive Auswirkungen auf die Umwelt

---

186 Vgl. https://de.statista.com/statistik/daten/studie/983991/umfrage/ranking-der-umweltfreundlichsten-laender-nach-dem-environmental-performance-index/

haben kann. Dieser hat dazu beigetragen, dass erneuerbare Energien schneller und in größerem Umfang entwickelt wurden als in sozialistischen Wirtschaftssystemen. Im Gegensatz dazu haben sozialistische Wirtschaftssysteme in der Vergangenheit oft gezeigt, dass sie der Umwelt eher schaden als nützen.

Es ist wichtig, die Vorteile des Kapitalismus zu nutzen, um technologische Fortschritte zu erreichen und Anreize für Unternehmen und Individuen zu schaffen, um in erneuerbare Energien und Umwelttechnologien zu investieren und gleichzeitig die negativen Auswirkungen des Wirtschaftssystems auf die Umwelt zu minimieren.

33

SCHLUSSWORT

Abschließend möchte ich betonen, dass die Nutzung erneuerbarer Energien nicht nur eine notwendige Maßnahme ist, um eine nachhaltigere Zukunft zu schaffen, sondern auch ein wichtiger Schritt hin zu einer besseren Welt für uns und kommende Generationen. Die Abhängigkeit von fossilen Brennstoffen zu reduzieren und die Umweltbelastung zu minimieren, sind nur einige der vielen Vorteile, die erneuerbare Energien bieten.

Aber erneuerbare Energiequellen wie Wind und Sonne sind von Natur aus intermittierend, was bedeutet, dass sie nicht immer zur Verfügung stehen, wenn wir sie brauchen. Daher ist es entscheidend, dass wir in die Entwicklung von Speichertechnologien investieren, um den Überschuss an Energie zu speichern und bei Bedarf wieder abzurufen.

Die gute Nachricht ist, dass es bereits einige beeindruckende Entwicklungen und Innovationen in diesem Bereich gibt. Zum Beispiel werden in Großbritannien derzeit riesige Batteriespeicheranlagen gebaut, um überschüssige

Energie aus Wind- und Sonnenkraftwerken zu speichern.[187] In einer Wüste Kaliforniens wurde 2022 eine ähnliche Anlage gebaut, die in der Lage ist, Strom für 47.000 Haushalte zu speichern.[188]

Ein weiterer vielversprechender Ansatz ist die Verwendung von Wasserstoff als Speichermedium. Wasserstoff kann aus erneuerbaren Energiequellen gewonnen werden und kann bei Bedarf in Brennstoffzellen eingesetzt werden, um Strom zu erzeugen. Auch hier gibt es bereits vielversprechende Entwicklungen. In Australien wurde eine Anlage in Betrieb genommen, die überschüssigen Strom aus einem Solarpark in Wasserstoff umwandelt und zur Stromerzeugung in Brennstoffzellen verwendet.

Diese Entwicklungen und Innovationen sind jedoch erst der Anfang. Es gibt noch viel zu tun, um die Speicherung erneuerbarer Energiequellen zu verbessern und zu skalieren, um eine zuverlässige und nachhaltige Stromversorgung zu gewährleisten. Da wir die Technologien und die Ressourcen besitzen, können diese Herausforderungen angegangen werden.

---

187 Vgl. https://teslamag.de/news/groesste-kapazitaet-europas-tesla-megapacks-grossbritannien-energie-winter-54593

188 Vgl. https://futurezone.at/science/crimson-storage-wechselstrom-batterie-betrieb-kalifornien-riverside-county-gavin-newsom/402190152

Ich hoffe, dass ich Ihnen mit diesem Buch einen Einblick in die Welt der regenerativen Energien geben konnte und ich Sie dazu inspiriert habe, sich weiter mit der Materie auseinanderzusetzen und an der Gestaltung einer nachhaltigeren Zukunft teilzunehmen. Es ist wichtig zu betonen, dass die Umsetzung eine gemeinschaftliche Anstrengung ist, die die Beteiligung von Regierungen, Unternehmen und Privatpersonen erfordert.

Wenn Ihnen dieses Buch gefallen hat und Sie weitere Informationen zu diesem Thema suchen, würde ich mich sehr darüber freuen, wenn Sie eine Bewertung auf Amazon hinterlassen würden. Lassen Sie uns gemeinsam daran arbeiten, um eine Zukunft zu schaffen, in der erneuerbare Energien die Norm sind und die Umweltbelastung minimiert wird.

Ich bedanke mich herzlich für das Lesen dieses Buches.

»Wenn du morgens aufwachst und denkst, dass die Zukunft besser sein wird, ist das ein schöner Tag. Ansonsten ist er es nicht«

Elon Musk

ANHANG

34

LITERATURVERZEICHNIS

Bücherquellen:

Bonin, J. (2023). *Handbuch Wärmepumpen*. Berlin: Beuth Verlag.

Krimmling, J. (2009). *Erneuerbare Energien*. Müller, Rudolf.

Pistohl, W., Rechenauer, C., & Scheuerer, B. (2016). *Handbuch der Gebäudetechnik - Planungsgrundlagen und Beispiele - Band 1 - Allgemeines , Sanitär, Elektro, Gas*. Bundesanzeiger Verlag.

Quaschning, V. (2021). *Erneuerbare Energien*. München: Carl Hanser Verlag.

Vahrenholt, F. (2023). *Die große Energiekrise*. München: Langen Müller Verlag GmbH.

Wesselak, V., Schabbach, T., Link, T., & Fischer, J. (2013). *Regenerative Energietechnik*. Berlin-Heidelberg:: Springer Vieweg.

Internetquellen:

Diese sind direkt in den Fußnoten der Kapitel zu finden und im E-Book (Kindle) direkt anklickbar. Alle Internetquellen wurden zuletzt am **25.02.2024** abgerufen und geprüft.

35

ABBILDUNGSVERZEICHNIS

UNSERE LESEEMPFEHLUNG

Auch als Kindle-Version erhältlich.

Begleiten Sie den Autor Lucas Daneshmand auf eine weitere fesselnde Reise, diesmal durch die Welt der Elektromobilität. In seinem handlichen Taschenbuch bietet er einen Einblick von den Ursprüngen der Automobilindustrie bis zu den neuesten Innovationen. Nicht nur für Autoenthusiasten, sondern auch für Technikbegeisterte und Umweltschützer ist dieses Buch ein Muss. Entdecken Sie die Antriebstechnologien der Zukunft und erfahren Sie mehr über Potenziale von Brennstoffzellen, E-Fuels sowie die neuesten Entwicklungen im Bereich Elektroautos. Das Buch beleuchtet zudem die Herausforderungen der Mobilität von morgen, angefangen bei der Ladeinfrastruktur bis hin zu Umweltauswirkungen. "Eine Einführung in die Welt der Elektromobilität" ist unverzichtbar für alle, die sich für Technik und eine nachhaltige Zukunft interessieren. Jetzt erhältlich auf Amazon als handliches Taschenbuch und für Kindle.

SCANNE DEN QR-CODE, UM UNS GANZ EINFACH ZU FOLGEN

ERNEUERBARISTKLAR

Oder unter: https://www.instagram.com/erneuerbaristklar/

Printed in Poland
by Amazon Fulfillment
Poland Sp. z o.o., Wrocław

40708725R00151